Aus Natur und Geisteswelt

Sammlung wissenschaftlich-gemeinverständlicher Darstellungen

589. Band

Differentialgleichungen

unter Berücksichtigung der praktischen Anwendung

in der Technik mit zahlreichen Beispielen

und Aufgaben versehen

von

Dr. Martin Lindow

Studienrat, Münster i. W.

Mit 38 Figuren im Text
und 160 Aufgaben

Springer Fachmedien Wiesbaden GmbH 1921

ISBN 978-3-663-15487-7   ISBN 978-3-663-16059-5 (eBook)
DOI 10.1007/978-3-663-16059-5

Vorwort

Die in der Sammlung „Aus Natur und Geisteswelt" erschienenen Bände über Differential= und Integralrechnung erforderten einen Abschluß, der hier gegeben wird. Es mußte nachgewiesen werden, wie gewisse Kurvengleichungen, z. B. die der elastischen Linie, der Ketten=linie oder der gedämpften Schwingungen, abgeleitet werden, wie man zu dem Begriff des Trägheitsmomentes kommt usf. Jeder, der sich in naturwissenschaftliche Gebiete vertiefen will, muß die wichtigsten Methoden zur Lösung von Differentialgleichungen unbedingt beherr=schen, mag er sich den Problemen der Mechanik, der Elektrotechnik, der modernen Chemie oder irgendeines andern Gebietes zuwenden, das schon die vormathematische Periode überwunden hat. Weswegen diese Behandlungsweise auch den „reinen" Mathematiker fördert, habe ich in dem Vorwort zu meiner „Integralrechnung" schon gesagt.

Wie in den beiden andern Bänden habe ich versucht, aus der ungeheuren Fülle des Stoffes nur das wesentlichste zu bringen, das aber durch Aufgaben und Beispiele zu vertiefen. Immerhin dürfte es für den Naturwissenschaftler und den Ingenieur im allgemeinen ge=nügen — nur die partiellen Differentialgleichungen mußten fehlen — und dem Mathematiker eine Grundlage für das Studium umfangreiche=rer Werke geben. Neu ist die starke Betonung der numerischen Nähe=rungsmethoden. Den Differentialgleichungen, die nach den allgemeinen Methoden nicht behandelt werden können, steht nicht nur der Ingenieur, sondern auch der Mathematiker ganz hilflos gegenüber, weil die Lehr=bücher kaum jemals etwas darüber bringen. Und doch ist es eigentlich ein recht klägliches Gefühl, bei praktischen Notwendigkeiten von mathe=matischen Zufälligkeiten abzuhängen.

Durch die Einführung der Hyperbelfunktionen konnte die Darstellung wesentlich vereinfacht werden. Sie werden in der Neuauflage meiner Bändchen über Differential= und Integralrechnung behandelt werden; bis zu deren Erscheinen wolle man etwa die „Hütte" zu Rate ziehen.

Hinweise auf jene Bücher sind durch „D." und „J." gegeben.

Herrn H. Güttges in Opladen, der auch diesmal mit großer Sorg=falt den Text durchgesehen hat, spreche ich hier nochmals meinen herz=lichsten Dank aus.

Möge das Büchlein dazu beitragen, Naturerkenntnis und Natur=beherrschung zu fördern.

Münster i. W., September 1921. **M. Lindow.**

Inhalt

I. Kurvenscharen und Differentialgleichungen.

Die graphische Darstellung der Gleichung $y = \frac{4}{x}$ ist eine völlig bestimmte gleichseitige Hyperbel (D. S. 47), wir haben es mit einem speziellen Fall der Gleichung $y = \frac{a^2}{x}$ zu tun ($a = 2$). Legen wir a etwa die Werte 1, 2, 3, 4 ⋯ bei, so bekommen wir eine ganze Reihe gleichseitiger Hyperbeln, und erteilen wir a alle möglichen Werte, so entsteht eine Schar von Hyperbeln, deren Individuen stetig aufeinanderfolgen und den ihnen zugänglichen Teil der Zeichenebene lückenlos bedecken. (Fig. 1.)

Die Zustandsgleichung der Gase lautet $pv = RT$. Darin bedeutet p den Druck, v das Volumen und T die absolute Temperatur; man erhält T, indem man die am Thermometer abgelesenen Celsiusgrade um 273^0 vermehrt. R ist eine Konstante, die durch den Anfangszustand bestimmt wird. Haben wir anfangs ein Volumen von 1 Liter, den Druck einer Atmosphäre und die Temperatur $t = 0^0$, also $T = 273^0$, so ist $1 \cdot 1 = R \cdot 273$, also $R = \frac{1}{273}$. Bei isothermer Kompression oder Expansion ist RT dauernd gleich 1, zwischen Druck und Volumen besteht die Beziehung $pv = 1$. Trägt man auf der Abszissenachse die Werte von v, auf der Ordinatenachse die von p ab, so liefert die Zeichnung eine gleichseitige Hyperbel. Wenn der Versuch aber nicht bei 0^0, sondern bei einer bestimmten Temperatur t^0 ausgeführt wird, so lautet unsere Glei=

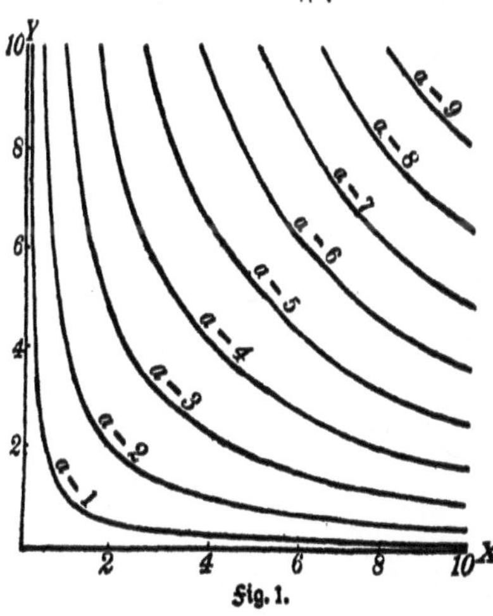

Fig. 1.

chung $pv = \frac{1}{273}(273 + t)$, die graphische Darstellung gibt eine andere gleichseitige Hyperbel. Durch Variation der Temperatur ändert sich die rechte Seite der Gleichung, welche hier ursprünglich gleich 1 war; es quillt aus der ursprünglichen Kurve eine ganze Kurvenschar heraus.

Der bekannte Versuch, die Kraftlinien eines Magneten auf einem Blatt Papier durch Eisenfeilspäne sichtbar zu machen, zwingt die Natur dazu, vor unseren Augen eine Kurvenschar entstehen zu lassen, ohne uns mit der Mühe der Rechnung zu belasten; die farbenprächtigen Bilder, die wir im Polarisationsapparat bewundern, werden durch Kurvenscharen gebildet.

Beispiel 1. Ein Punkt P habe von einer Geraden AX den konstanten Abstand m. Man ziehe von ihm aus eine beliebige andere Gerade, welche die erste in S schneide und errichte auf PS in S die Senkrechte ST. Man lasse S auf AX wandern und ermittle die Gleichung der Geradenschar, welche von den Senkrechten gebildet wird. (Fig. 2.)

AX sei die Abszissenachse, die Ordinatenachse OY werde so gelegt, daß sie durch P gehe. OS sei gleich c. Die Gleichung einer Geraden ist (D. S. 16) $y = x\,\mathrm{tg}\,\alpha + b$; $\mathrm{tg}\,\alpha = \frac{c}{m}$; aus dem rechtwinkligen Dreieck PUS folgt, daß $m \cdot b = c^2$ ist, also $b = \frac{c^2}{m}$. Da b aber auf dem negativen Teil der Ordinatenachse liegt, so muß man diesem Ausdruck das negative Vorzeichen geben;

$$y = \frac{c}{m} x - \frac{c^2}{m}.$$

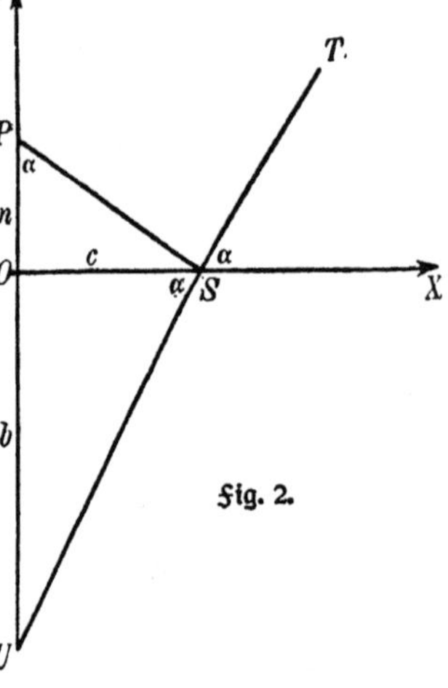

Die Zeichnung lehrt, daß unsere Geradenschar nicht die ganze Ebene erfüllt, sondern nur ein Gebiet, welches von dem Rest durch eine Kurve abgegrenzt wird. Ähnlich verhält es sich, wenn man die Lichtstrahlen einer Lampe auf ein gebogenes Stahllineal fallen läßt, mit dem man eine Kurve auf einer weißen Fläche verfolgt; die

Lichtstrahlen treffen die spiegelnde Oberfläche, werden reflektiert und verbreiten sich auf der Papierfläche so, daß der helle Teil von dem dunkeln durch eine deutlich ausgeprägte „Brennlinie" getrennt ist.

Derartige bei einer Kurven= oder Geradenschar auftretende Linien nennt man Umhüllungslinien oder Enveloppen. Wie die Lichtstärke der Brennlinie beweist, empfängt jeder ihrer Punkte von mehreren reflektierten Strahlen sein Licht, allgemein gehört jeder Punkt einer Enveloppe mindestens zwei Kurven der gegebenen Schar an, die sich nur wenig voneinander unterscheiden.

Beispiel 2. Welche Gleichung hat die Enveloppe der in Beispiel 1 behandelten Geradenschar? Es sei c_1 ein wenig größer als c, dann genügen die Koordinaten x, y eines Punktes der gesuchten Kurve gleichzeitig den Gleichungen

$$y = \frac{c}{m} x - \frac{c^2}{m}, \qquad y = \frac{c_1}{m} x - \frac{c_1^2}{m}$$

und allen anderen Gleichungen, die sich aus ihnen ableiten lassen. Es liegt hier nahe, zur Vereinfachung die Differenz zu bilden.

$$0 = \frac{c_1 x}{m} - \frac{c x}{m} - \left(\frac{c_1^2}{m} - \frac{c^2}{m}\right) = \frac{x}{m}(c_1 - c) - \frac{1}{m}(c_1^2 - c^2)$$

$$0 = \frac{x}{m}(c_1 - c) - \frac{1}{m}(c_1 - c)(c_1 + c) = (c_1 - c)\left[\frac{x}{m} - \frac{1}{m}(c_1 + c)\right].$$

Ein Produkt kann nur dann verschwinden, wenn mindestens ein Faktor gleich Null ist. Da c_1 von c verschieden sein soll, so muß $\frac{x}{m} - \frac{1}{m}(c_1 + c) = 0$ sein, also $x = c_1 + c$. Lassen wir c_1 immer weniger von c verschieden sein, so nähert sich x unbegrenzt dem Werte $x = 2c$. Dies ist die Abszisse des Schnittpunktes zweier Nachbargeraden unserer Schar, die Ordinate wird $y = \frac{c}{m} x - \frac{c^2}{m} = \frac{2c^2}{m} - \frac{c^2}{m} = \frac{c^2}{m}.$ Um uns von der Willkür des Wertes c zu befreien, eliminieren wir diese Größe aus den letzten Gleichungen: $c = \frac{x}{2}; y = \frac{1}{m}\left(\frac{x}{2}\right)^2 = \frac{x^2}{4m}.$ Zum Schluß können wir noch $4m = a$ setzen, dann gilt für alle Schnittpunkte zweier unendlich naher Geraden die Beziehung $y = \frac{x^2}{a}.$ Dies ist die Gleichung der Enveloppe; wir erkennen, daß sie eine Parabel ist (D. S. 16). Daß unser Ergebnis richtig ist, lehren die Bemerkungen über die Umhüllungskonstruktion dieser Kurve; nur sind wir hier den umgekehrten Weg gegangen, da wir in dem betreffenden Kapitel der

Differentialrechnung die Kurve, hier die Geradenschar als gegeben voraussetzten.

Die eben angestellten Betrachtungen lassen sich leicht verallgemeinern. Es sei $f(x, y, c) = 0$ die Gleichung einer Kurvenschar, deren einzelne Individuen erhalten werden, wenn man dem Parameter c die verschiedensten Werte beilegt. Unsere Aufgabe ist es, den Schnittpunkt zweier Nachbarkurven zu ermitteln, ihre (wenig voneinander verschiedenen) Parameter seien c und c_1. Die Koordinaten des gesuchten Punktes müssen den Gleichungen genügen

$f(x, y, c) = 0$ und $f(x, y, c_1) = 0$; also auch der durch Subtraktion erhaltenen Gleichung $f(x, y, c_1) - f(x, y, c) = 0$; ebenso ist $\dfrac{f(x, y, c_1) - f(x, y, c)}{c_1 - c} = 0$; dies ergibt im Grenzfall (für zwei unendlich nahe Kurven) $\dfrac{\partial f(x, y, c)}{\partial c} = 0$. Die Größe c ist für die einzelne Kurve konstant, für die Kurvenschar variabel, also kann f nach ihr differentiiert werden. Da x und y sich bei dieser Operation nicht ändern, so ist die Differentiation partiell. Aus $f = 0$ und $\dfrac{\partial f}{\partial c} = 0$ kann man x und y berechnen und erhält so die Koordinaten des Punktes, in welchem die Kurve $f(x, y, c) = 0$ von der benachbarten geschnitten wird. Eliminiert man aber statt dessen aus den beiden Gleichungen den Parameter c, so erhält man eine Beziehung zwischen x und y, welche für alle Schnittpunkte gilt, welchen Wert auch c haben mag, und diese Beziehung stellt die Gleichung der Enveloppe dar.

Beispiel 8. Ein Geschütz ist in horizontaler und vertikaler Richtung beliebig drehbar. Die Mündungsgeschwindigkeit des Geschosses ist v_0 m/sec. Welche Punkte des Raumes sind ihm erreichbar, welche vor ihm sicher?

Wir nehmen zunächst an, das Geschützrohr sei nur vertikal drehbar. Bildet die Seelenachse mit der Horizontalen den Winkel α, so ist unter Vernachlässigung des Luftwiderstandes

$x = v_0\, t \cos \alpha$; $y = -\frac{1}{2} g\, t^2 + v_0\, t \sin \alpha$ (Ableitung in Beispiel 44) $g = 9{,}81$ m/sec². Die Flugbahn erhält man durch Elimination der Größe t; es ist nach der ersten Gleichung $t = \dfrac{x}{v_0 \cos \alpha}$, also nach der zweiten

$$y = -\frac{1}{2} \frac{g\, x^2}{v_0^2 \cos^2 \alpha} + v_0 \cdot \frac{x}{v_0 \cos \alpha} \cdot \sin \alpha$$

$$y = x \operatorname{tg} \alpha - \frac{g}{2} \cdot \frac{x^2}{v_0^2 \cos^2 \alpha}.$$

Gibt man v_0 einen bestimmten Wert, legt α der Reihe nach alle möglichen Werte von 0 bis 90° bei und zeichnet die Kurven, so erhält man eine Schar von Parabeln, die aber nur einen bestimmten Teil der Zeichenebene erfüllen und gegen den Rest durch eine Enveloppe abgegrenzt werden. Diese gilt es zu ermitteln; α ist der Parameter. Man hat die Gleichungen

(a) $\qquad y = x \operatorname{tg} \alpha - \dfrac{g}{2\,v_0^{\,2}\cos^2\alpha}\,x^2 \quad$ und $\quad \left(\dfrac{\partial f}{\partial c} = 0\right)$

(b) $\qquad 0 = \dfrac{x}{\cos^2\alpha} - \dfrac{g x^2}{2 v_0^{\,2}} \cdot \dfrac{2\sin\alpha}{\cos^3\alpha}.\quad$ Aus (b) folgt

$\qquad\qquad 0 = x \cos\alpha - \dfrac{g x^2}{v_0^{\,2}}\sin\alpha,$ daher

(c) $\ \operatorname{tg}\alpha = \dfrac{v_0^{\,2}}{g x}.\quad$ Ferner ist $\dfrac{1}{\cos^2\alpha} = \dfrac{\sin^2\alpha + \cos^2\alpha}{\cos^2\alpha} = \operatorname{tg}^2\alpha + 1,$ also in unserm Fall

(d) $\dfrac{1}{\cos^2\alpha} = 1 + \dfrac{v_0^{\,4}}{g^2 x^2}.\quad$ Setzt man (c) und (d) in (a) ein, so ergibt sich $y = \dfrac{v_0^{\,2}}{g} - \dfrac{g x^2}{2 v_0^{\,2}}\left(1 + \dfrac{v_0^{\,4}}{g^2 x^2}\right) = \dfrac{v_0^{\,2}}{g} - \dfrac{g x^2}{2 v_0^{\,2}} - \dfrac{v_0^{\,2}}{2g},$ also ist die gesuchte Bahngleichung

(e) $\qquad y = \dfrac{v_0^{\,2}}{2g} - \dfrac{g x^2}{2 v_0^{\,2}},$ die sogenannte Sicherheitsparabel. (Fig. 3.)

Ist die Lafette drehbar, so erzeugt die Gesamtheit der Sicherheitsparabeln ein Rotationsparaboloid. Der innere Raum ist durch die Geschosse gefährdet, der äußere vor ihnen sicher.

Zur Probe setzen wir in der Gleichung der Sicherheitsparabel $x = 0$, suchen also den Punkt der Kurve auf, welcher senkrecht über dem Geschütze liegt. Man erhält $y = \dfrac{v_0^{\,2}}{2g}.$ Diese Größe kommt genau der Maximalhöhe eines senkrecht nach oben mit der Geschwindigkeit v_0 geschleuderten Körpers gleich.

Macht man $y = 0$, so ist $x^2 = \dfrac{v_0^{\,4}}{g^2}$; $x = \pm\dfrac{v_0^{\,2}}{g}.$ Der Punkt, in dem die Sicherheitsparabel die Horizontale trifft, hat vom Geschütz die

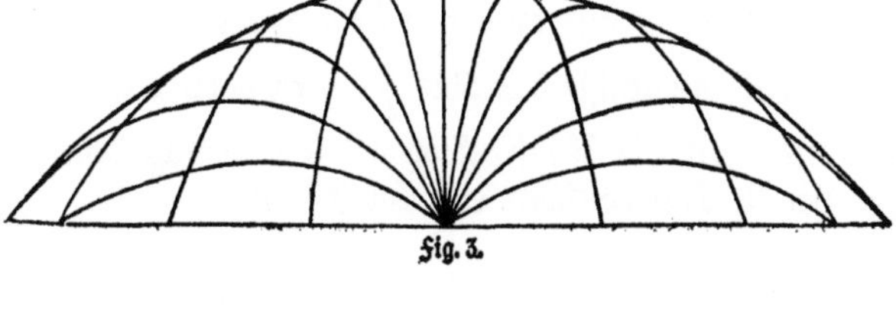

Fig. 3.

Entfernung der größten Wurfweite; sie wird erreicht, wenn $\alpha = 45^0$ gewählt wird.

Vielleicht noch anschaulicher und dabei friedlicher wird das Bild, wenn wir an eine Vorrichtung zum Besprengen des Rasens denken. Das Wasser trete aus einer unter Druck stehenden Leitung in eine Hohlkugel, deren Wandung durch viele über die Oberfläche verteilte Löcher durchbohrt ist. Da sich die herausströmenden Flüssigkeitsteilchen unmittelbar folgen, so entströmt jeder Öffnung eine Parabel; alle diese Flüssigkeitsfäden liegen im Innern eines Rotationsparaboloids. Man wähle für v_0 einen beliebigen einigermaßen passenden Zahlenwert und zeichne die Kurven, welche den Winkeln $\alpha = 0^0$, 30^0, 45^0, 60^0, 70^0, 80^0, 90^0 entsprechen.

Aufgaben.

1. Die Gleichung $pv = RT = \frac{1}{273} T = 1 + \frac{1}{273} t$ gilt nur für vollkommene Gase. Ist aber der Druck groß und die Temperatur tief, so nähert sich das Verhalten der Gase dem der Dämpfe. Diese Tatsache wurde von van der Waals in die Formel gebracht:

$$\left(p + \frac{a}{v^2}\right)(v - b) = 1 + \frac{1}{273} t.$$

Man zeichne verschiedene Kurven der Schar, die durch Variation des Parameters t gewonnen wird, vor allem die Kurve der kritischen Temperatur. Es ist

Stoff	a	b	Kritische Temperatur
Wasserstoff	~0	0,00069	− 241
Kohlendioxyd	0,00874	0,0023	+ 31
Luft	0,0037	0,0026	
Stickoxydul	0,00742	0,0019	+ 36
Äthylen	0,00786	0,00224	+ 10

2. Hat die Hyperbelschar $xy - a^2 = 0$ eine Enveloppe?

3. Es soll die Enveloppe der Kurvenschar $y = \frac{(x - a)^3}{m^2}$ bestimmt werden, wenn a ein Parameter und m eine Konstante ist.

4. Auf der Abszissenachse trägt man vom Anfangspunkt aus das Stück c ab, auf der Ordinatenachse das Stück $\frac{1}{c}$. Man verbindet die Endpunkte und wiederholt die Konstruktion mit sehr verschiedenen Werten von c. Hat die Geradenschar eine Enveloppe?

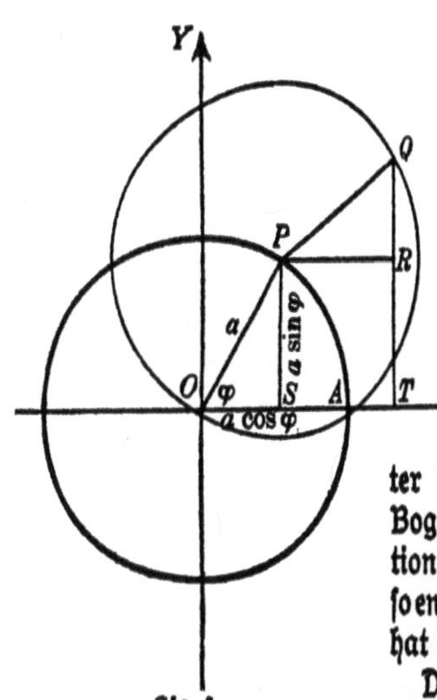

5. Eine Strecke von der Länge l wird so bewegt, daß ihr eines Ende auf der Abszissen-, das andere auf der Ordinatenachse gleitet. Welche Kurve umhüllt die so erzeugte Geradenschar?

Beispiel 4. Um den Mittelpunkt O eines Koordinatensystems sei ein Kreis mit dem Radius a beschrieben; um einen Punkt P auf seiner Peripherie ein zweiter Kreis, dessen Radius die Länge des Bogens AP hat. Führt man die Konstruktion für jeden Punkt der Peripherie aus, so entsteht eine Kreisschar; welche Enveloppe hat sie? (Fig. 4.)

Die Koordinaten von P sind $a\cos\varphi$ und $a\sin\varphi$; ein beliebiger Punkt Q auf dem zweiten Kreise habe die Abszisse x und die Ordinate y. Dann ist die Gleichung dieses zweiten Kreises, wie sich aus dem Dreieck PQR ergibt

$$(1) \qquad (x - a\cos\varphi)^2 + (y - a\sin\varphi)^2 = \overset{\frown}{AP}{}^2 = a^2\varphi^2.$$

Die Differentiation nach dem Parameter φ läßt die Gleichung

$$(2) \qquad 2a\sin\varphi\,(x - a\cos\varphi) - 2a\cos\varphi\,(y - a\sin\varphi) = 2a^2\varphi$$

entstehen. Hieraus wird $2ax\sin\varphi - 2a^2\sin\varphi\cos\varphi$ $-2ay\cos\varphi + 2a^2\sin\varphi\cos\varphi = 2a^2\varphi$, oder vereinfacht

$$(3) \qquad x\sin\varphi - y\cos\varphi = a\varphi.$$

Den so erhaltenen Wert von $a\varphi$ setzen wir in (1) ein

$$x^2 - 2ax\cos\varphi + a^2\cos^2\varphi + y^2 - 2ay\sin\varphi + a^2\sin^2\varphi =$$
$$x^2\sin^2\varphi + y^2\cos^2\varphi - 2xy\sin\varphi\cos\varphi;$$
$$x^2(1 - \sin^2\varphi) + y^2(1 - \cos^2\varphi) + 2xy\sin\varphi\cos\varphi +$$
$$+ a^2(\sin^2\varphi + \cos^2\varphi) - 2ax\cos\varphi - 2ay\sin\varphi = 0.$$

Wegen der Beziehung $\sin^2\varphi + \cos^2\varphi = 1$ geht dieser Ausdruck über in

$$x^2\cos^2\varphi + y^2\sin^2\varphi + a^2 + 2xy\sin\varphi\cos\varphi - 2ax\cos\varphi -$$
$$- 2ay\sin\varphi = 0$$
$$[x\cos\varphi + y\sin\varphi - a]^2 = 0.$$

Die Gleichungen (1) und (2) können also ersetzt werden durch

$$(3) \qquad x\sin\varphi - y\cos\varphi = a\varphi \;\big|\; \sin\varphi \;\big|\; -\cos\varphi$$

(4) $$x \cos \varphi + y \sin \varphi = a \quad | \cos \varphi | \quad \sin \varphi$$

Multipliziert man sie mit den angeschriebenen Faktoren und addiert sie, so erhält man endlich

(5) $$x = a \cos \varphi + a\varphi \sin \varphi$$

(6) $$y = a \sin \varphi - a\varphi \cos \varphi.$$

Die Enveloppe ist eine Kreisevolvente (D. S. 56).

Beispiel 5. In der Gleichung der gedämpften Schwingungen $y = ae^{-bx} \sin cx$ soll $\sin cx$ durch $\sin (cx + ck)$ ersetzt werden. Welche Enveloppe hat die Kurvenschar, die durch Variation des Parameters k entsteht?

Durch Differentiation der Gleichung $y = ae^{-bx} \sin (cx + ck)$ nach k folgt $0 = ace^{-bx} \cos (cx + ck)$. Dies ist nur möglich, wenn $\cos (cx + ck)$ verschwindet. Dann ist aber $\sin (cx + ck) = +1$ oder -1, und durch Einsetzen in die ursprüngliche Gleichung resultiert als Gleichung der Enveloppe $y = \pm ae^{-bx}$.

Die Zeichnung lehrt, daß die Variation von k eine Phasenverschiebung bedeutet, während das Dämpfungsgesetz ungeändert bleibt. Die Enveloppe spricht dies Gesetz aus.

Die Kurven einer Schar entstammen alle derselben Gleichung $f(x, y, c) = 0$, sie verhalten sich wie die Glieder einer Familie. Das, was die einzelnen Individuen unterscheidet, ist die Größe c, die für jedes einen bestimmten, von den andern verschiedenen Wert hat. Es fragt sich, ob andrerseits auch eine gewisse Familienähnlichkeit vorhanden ist, ein gemeinsamer Zug, der die Einzelwesen der Kurvenschar als gleichartig und von den Mitgliedern einer andern Schar wesentlich verschieden erkennen läßt. Man könnte an die Enveloppe denken, indessen charakterisiert diese doch immer nur einen Punkt jeder Kurve als merkwürdig, nämlich den Schnittpunkt mit der Nachbarkurve.

Erinnern wir uns, daß durch Integration einer völlig eindeutig definierten Funktion, z. B. $f = x^3$, eine Funktion mit einem Parameter, der Integrationskonstante, entsteht (hier $\int f \, dx = \frac{1}{4} x^4 + c$)! Dann ist es klar, daß die Differentiation diese Vieldeutigkeit wieder rückgängig machen wird. Aus $y = \frac{1}{4} x^4 + c$ folgt denn auch, daß $\frac{dy}{dx} = x^3$ ist, und das kennzeichnet jedes Individuum der Kurvenschar $y = \frac{1}{4} x^4 + c$.

Beispiel 6. Die Gleichung einer Parabel ist $y = \frac{x^2}{a}$; durch Differentiation ergibt sich $\frac{dy}{dx} = \frac{2x}{a}$. Man kann a eliminieren, indem man etwa die erste Gleichung zur Bestimmung von a benutzt $\left(a=\dfrac{x^2}{y}\right)$ und den so erhaltenen Wert in die zweite Gleichung einsetzt. Es ergibt sich

$$\frac{dy}{dx}=\frac{2y}{x}.$$

Man erhält eine Differentialgleichung, da außer x und y noch der Differentialquotient $\dfrac{dy}{dx}$ auftritt. Sie sagt aus, daß für jeden Punkt jeder Kurve der Schar, die durch Variation des Parameters a entsteht, die Tangente gefunden wird, indem man von diesem Punkt auf die Y Achse das Lot fällt, die entstehende Ordinate um sich selbst (über den Scheitelpunkt hinaus) verlängert und den so erhaltenen Endpunkt mit dem Kurvenpunkt verbindet (D. S. 17). Der gemeinsame Zug der Kurvenindividuen ist somit gefunden.

Ist allgemein die Kurvenschar gegeben, welche das anschauliche Bild der Gleichung $\varphi\,(x,\,y,\,c)=0$ ist, so hat man (D. S. 25) $\dfrac{\partial\varphi}{\partial x}+\dfrac{\partial\varphi}{\partial y}\,\dfrac{dy}{dx}=0$. Auch in der zweiten Gleichung kommt im allgemeinen der Parameter c vor; eliminiert man ihn aus den beiden Gleichungen, so erhält man die Differentialgleichung, welche für die vorgelegte Kurvenschar charakteristisch ist.

Aufgaben.

6. Wie lautet die Differentialgleichung der Kurvenschar $xy-a^2=0$?

7. Man beantworte dieselbe Frage für $y=\dfrac{(x-a)^3}{m^2}$ (vgl. Aufgabe 3).

8. Dgl. für $y=x+ace^{-\frac{x}{a}}$; a sei eine Konstante, c der Parameter.

9. In Aufgabe 7 soll m als Parameter, a als Konstante aufgeführt werden.

10. In Aufgabe 8 soll a als Parameter, c als Konstante aufgeführt werden.

Wir beschäftigten uns bisher damit, von der Gleichung einer Kurvenschar ($f\,(x,\,y,\,c)=0$) ausgehend, die sie charakterisierende Differentialgleichung zu finden. Kehren wir das Problem um, so steht die Aufgabe unserer weiteren Untersuchungen vor uns. Wir wollen später aber eine Beschränkung fallen lassen, die wir uns bisher auferlegten, indem wir auch Gleichungen behandeln, die nicht nur den ersten Differentialquotienten y', sondern den zweiten, y'', enthalten. Natürlich lassen sich auch Differentialgleichungen studieren, in denen y''', y^{IV} usf. vorkommt, doch ist das praktische Interesse für sie nicht sehr groß.

Die geometrische Bedeutung ist klar: Fordern wir von der Tangente einer noch unbekannten Kurve gewisse Eigenschaften, so können wir diese Forderung durch eine Gleichung $f\left(x, y, \dfrac{dy}{dx}\right)$ ausdrücken. Soll aber der Krümmungsradius $\varrho = \dfrac{(\sqrt{1+(y')^2})^3}{y''}$ sich unserm Willen fügen, so tritt in der betreffenden Gleichung auch der zweite Differentialquotient auf.

In der Mechanik besteht zwischen der Geschwindigkeit v, dem Wege s und der Zeit t die Beziehung $v = \dfrac{ds}{dt}$ (I. S. 13).

Erfüllt die Geschwindigkeit ein gegebenes Gesetz, so liefert diese Formel eine Differentialgleichung, aus der die Abhängigkeit des Weges s von der Zeit t ermittelt werden kann.

In den meisten Fällen kennt man bei derartigen Aufgaben aber nicht die Geschwindigkeit, sondern die Kraft. Unter der Beschleunigung b versteht man den Zuwachs, welchen die Geschwindigkeit in der Sekunde erfährt, es ist also $b = \dfrac{dv}{dt} = \dfrac{d^2s}{dt^2}$.

Nach den Lehren der Mechanik ist die Kraft P (bei passend gewählten Einheiten) gleich dem Produkt aus der Masse m und der Beschleunigung b

$$P = mb = m\,\frac{d^2s}{dt^2}.$$

Ist die Kraft, etwa als Funktion von s, gegeben, so erhält man für s eine Differentialgleichung zweiter Ordnung; in einer Differentialgleichung $n$ter Ordnung tritt der $n$te Differentialquotient der gesuchten Funktion auf, aber kein höherer. Ihre allgemeine Form ist

$$F\left(x, y, y', y'' \cdots y^{(n)}\right) = 0; \text{ wobei } y' = \frac{dy}{dx}; \; y'' = \frac{d^2y}{dx^2} \text{ ist usw.}$$

Eine Differentialgleichung heißt linear, wenn $y, y', y'' \cdots$ nur in der ersten Potenz auftreten; in diesem Fall ist

$$y^{(n)} + X_1 y^{(n-1)} + X_2 y^{(n-2)} + \cdots + X_n y + X = 0.$$

Die Größen $X_1, X_2 \cdots X_n$, X sind beliebige Funktionen von x. Ist $X = 0$, so spricht man von einer verkürzten linearen Gleichung. Wir beschäftigen uns zunächst mit den Differentialgleichungen erster Ordnung. Tritt bei ihnen die Größe y' höchstens in der $n$ten Potenz auf, so sagt man, sie seien vom $n$ten Grade; es ist dann

$$(y')^n + A\,(y')^{n-1} + B\,(y')^{n-2} + \cdots + Ky' + L = 0.$$

$A, B \cdots K, L$ bedeuten hier Funktionen von x und y. Eine Differentialgleichung erster Ordnung und ersten Grades hat also die Form $y' + A_{(x,\,y)} = 0$; sie braucht nicht linear zu sein, da hier über die Funktion A keine einschränkenden Voraussetzungen gemacht worden sind; soll die Gleichung noch linear sein, so muß A die Form

$$A = y\,X_1 + X \quad \text{haben.}$$

X_1 und X dürfen nur x als Variable enthalten.

Aufgaben.

11. Wirkt eine (im allgemeinen veränderliche) Kraft P auf einen Körper während einer sehr kurzen Zeitspanne dt, so nennt man das Produkt $P\,dt$ den Antrieb. Bei einer endlichen Zeit verstehen wir unter dem Antrieb die Summe der Elementarantriebe. Sie soll mit Benutzung der Formeln auf S. 14 berechnet werden.

12. Ein Punkt bewegt sich unter dem Einfluß einer Kraft P (die veränderlich sein kann) von A nach B (Fig. 5). Dann versteht man unter der Arbeit, welche diese Kraft auf dem Wegelement $CD = ds$ leistet, das Produkt $P \cdot ds$, und unter der Gesamtarbeit längs des Weges AB die Summe aller dieser Elementararbeiten. Diese Summe soll nach den Formeln auf S. 14 berechnet werden.

13. Zu welcher Art von Differentialgleichungen gehört $\dfrac{d^2 x}{dt^2} = -x$?

14. Dgl. $\sqrt{1 + (y')^2} = \dfrac{y}{m}$. 15. Dgl. $\dfrac{dy}{dx} = -\dfrac{b^2 x}{a^2 y}$. 16. Dgl. $\dfrac{dy}{dx} = \dfrac{y}{m}$.

II. Differentialgleichungen erster Ordnung: Unmittelbare Integration. Trennung der Variabeln. Substitutionen. Homogene Differentialgleichungen.

A. Differentialgleichungen von der Form $y' = f(x)$. Bezeichnungen.

Eine Differentialgleichung erster Ordnung von zwei Veränderlichen x und y darf außer x, y und Konstanten nur den Differentialquotienten $\dfrac{dy}{dx}$ enthalten. Der einfachste Fall ist offenbar $\dfrac{dy}{dx} = a$, wobei a eine Konstante ist. Hieraus folgt unmittelbar durch Integration $y = ax + c$, die Gleichung einer Schar von Geraden, welche alle mit der positiven XAchse denselben Winkel α bilden (tg $\alpha = a$), aber auf der YAchse alle möglichen Abschnitte c erzeugen (vgl. D. S. 16). Die Parallelenschar, welche so entsteht, hat die Eigenschaft, daß jedes ihrer Individuen gleich gerichtet ist, was die Differentialgleichung fordert.

Ist $\frac{dy}{dx} = f(x)$, so erhält man, wieder durch Integration, $y = \int f(x)\,dx$ $+ c = F(x) + c$, wenn $F(x)$ einen Ausdruck bedeutet, der aus der gegebenen Funktion $f(x)$ durch Integration, ohne Berücksichtigung der Integrationskonstante, entsteht. Auch hier liegt ein System von Parallelkurven vor, denn stellt man $y = F(x)$ graphisch dar, so erhält man eine bestimmte Kurve, aus der eine zweite der Schar entsteht, wenn man jede Ordinate um denselben Betrag c (z. B. $c = 4$) vergrößert. Aus der Zeichnung ergibt sich die Richtigkeit unserer Behauptung von selbst; da das Steigungsmaß der Tangente, $\frac{dy}{dx}$, nur von der Abszisse x, nicht von der Ordinate y abhängen soll, wie es die Differentialgleichung fordert, so ist das Ergebnis auch unmittelbar einleuchtend.

Ist z. B. $\frac{dy}{dx} = 3x$, so erhält man $y = 1{,}5\,x^2 + c$, eine Schar paralleler Parabeln, bei denen die Ordinatenachse die Symmetrielinie ist. Man nennt den Ausdruck $y = 1{,}5\,x^2 + c$ die vollständige Lösung der vorgelegten Gleichung. Erteilt man c einen speziellen Wert, etwa $c = 0$, so entsteht eine partikuläre Lösung ($y = 1{,}5\,x^2$); man nennt $y - 1{,}5\,x^2 - c = 0$ die vollständige Integralgleichung ($y - 1{,}5\,x^2 = 0$ ist eine partikuläre Integralgleichung), ferner heißt $y - 1{,}5\,x^2 = c$ das Integral der gegebenen Differentialgleichung.

Im allgemeinen werden die Verhältnisse nicht so einfach liegen; wir werden aus der gegebenen Differentialgleichung $f\left(x, y, \frac{dy}{dx}\right) = 0$ die vollständige Lösung $y = f_1(x, c)$ erhalten müssen, aus der wir durch Spezialisierung der Größe c beliebig viele partikuläre Lösungen hervorgehen lassen können, oder wir werden die vollständige Integralgleichung $f_2(x, y, c) = 0$ oder das Integral $f_3(x, y) = c$ aufsuchen; sobald eine der Funktionen f_1, f_2, f_3 vorliegt, kann man meist ohne große Schwierigkeit die andere durch algebraische Umformungen gewinnen.

Die überwiegende Bedeutung der Integralrechnung bei der Behandlung der Differentialgleichungen geht schon aus den Benennungen hervor. Sachlich ist sie dadurch begründet, daß wir einen Differentialquotienten beseitigen sollen, was natürlich nur durch Integralrechnung möglich ist. Selbstverständlich tritt bei jeder Integration eine Integrationskonstante auf; wir erhalten nicht ein Kurvenindividuum, sondern eine Kurvenschar, oder, algebraisch gesprochen, eine Funktion mit einem Parameter.

Beispiel 7. Ein Stab AB von der Länge l cm, dem Querschnitt q qcm und der Dichte σ zieht einen äußeren Punkt P, der auf seiner Achse liegt und von seinem einen Ende a cm weit entfernt ist, an. Es soll die Größe dieser Attraktionskraft ermittelt werden, wenn die Masse des äußeren Punktes m Gramm beträgt (Fig. 6). Das Stabelement, welches von A die Entfernung x cm hat, besitzt die sehr geringe Länge dx cm. Sein Volumen ist $q\,dx$ ccm, seine Masse $\sigma q\,dx$ Gramm. Nach dem Newtonschen Gravitationsgesetz zieht dies Element die Masse P mit der kleinen Kraft

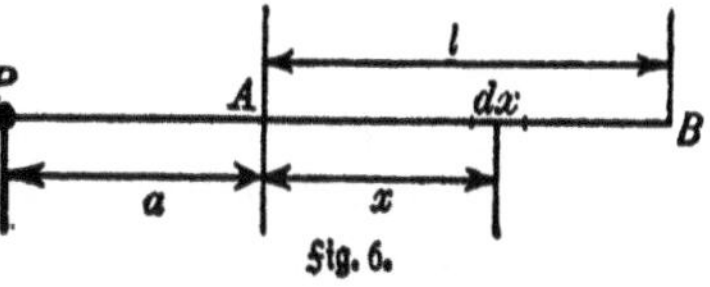

$$dK = \frac{f \cdot m \cdot (\sigma q\,dx)}{(a+x)^2}$$ Dynen an. Hierbei ist $f = 6{,}65 \cdot 10^{-8}$ eine Naturkonstante.

Aus $\dfrac{dK}{dx} = \dfrac{fm\sigma q}{(a+x)^2}$ folgt $K = c - \dfrac{fm\sigma q}{a+x}$ als vollständige Lösung unserer Differentialgleichung. Es ist die Kraft, welche die Gesamtheit der Teilchen von A bis dx auf P ausüben. Um hieraus diejenige partikuläre Lösung zu erhalten, welche unserem konkreten Fall entspricht, beachten wir, daß die Kraft gleich Null wird, wenn der Stab überhaupt keine Länge hat ($x = 0$). Es ist also $0 = c - \dfrac{fm\sigma q}{a}$; $K = fm\sigma q\left(\dfrac{1}{a} - \dfrac{1}{a+x}\right)$; x ist aber gleich l, also wird $K = fm\sigma q\left(\dfrac{1}{a} - \dfrac{1}{a+l}\right)$. Ist z. B. der Stab unendlich lang, so behält doch seine Gesamtanziehung den endlichen Wert $\dfrac{fm\sigma q}{a}$. Für einen Eisendraht ($\sigma = 7{,}5$) von 10 m Länge und 1 qmm Querschnitt ist die Anziehung auf eine Kugel von 1 Gramm Masse, welche 5 cm vor seinem Anfangspunkte hängt,

$$K = 6{,}65 \cdot 10^{-8} \cdot 1 \cdot 7{,}5 \cdot 0{,}01 \left(\frac{1}{5} - \frac{1}{1005}\right) \sim 1 \cdot 10^{-9} \text{Dyne, also etwa}$$

der tausendmillionste Teil eines Milligramms. Wäre der Draht un=
endlich lang, so wäre seine Anziehungskraft nur um $^1/_2\,^0/_0$ größer.

Bei Laboratoriumsversuchen ist man auf Körper angewiesen, welche
keine übermäßig großen Abmessungen besitzen; die Kräfte, welche die
allgemeine Massenanziehung zwischen ihnen erzeugt, sind so minimal,
daß die Bestimmung der Konstante f mit großen Schwierigkeiten ver=
bunden ist. Die Gravitationskraft der Erde nennen wir Schwere;
die komplizierten Bewegungen der Himmelskörper folgen allein aus
ihrer gegenseitigen Anziehung und aus dem Trägheitsgesetz.

Aufgaben.

Man bilde die vollständige Lösung, die vollständige Integralgleichung
und das vollständige Integral der folgenden Differentialgleichungen.

17. $\dfrac{dy}{dx} = a \sin x$.   **18.** $y' \sqrt{a^2 + x^2} = a$.   **19.** $\ln y' = \dfrac{x}{a}$.

20. Bei welcher Kurve ist die Steigung (tg α) der Abszisse propor=
tional?

21. Bei welcher Kurve ist sie der Abszisse umgekehrt proportional?

22. Wann ist sie der n ten Potenz der Abszisse proportional? (n sei
von -1 verschieden.)

23. Für welche Kurve ist die Länge der Tangente, gerechnet vom
Berührungspunkt bis zur Abszissenachse, dem Produkt aus der Abszisse
und der Ordinate proportional?

24. Für welche Kurve ist die Länge der Subtangente (Projektion
der Tangente auf die Abszissenachse), dem Produkt aus der Abszisse
und der Ordinate proportional?

B. Trennung der Variabeln.

Beispiel 8. Wenn ein Körper im luftleeren Raum fällt, so unter=
liegt er allein der Anziehungskraft der Erde, welche ihm die Beschleuni=
gung $g = 9{,}81\ m/sec^2$ erteilt; bezeichnet man mit v die Geschwindig=
keit, so ist $\dfrac{dv}{dt} = g$. Der Luftwiderstand bewirkt eine Verzögerung, welche
man dem Quadrat der Geschwindigkeit proportional setzen kann, ihre
Größe ist $\dfrac{v^2}{\lambda^2}$. Nach der „Hütte" ist $\lambda^2 = \dfrac{2G}{\psi \gamma F}$. Hierin bedeutet G das
Gewicht des Körpers in kg, $\gamma = 1{,}293$ das Gewicht (in kg) eines
Kubikmeters Luft, F die senkrecht zur Bewegungsrichtung genommene
größte Querschnittsfläche des Körpers in qm, ψ eine Zahl, welche die

Gestalt des Körpers berücksichtigt; sie ist für Kugeln gleich 0,5. Wenn die Kugel aus einem Stoff vom spezifischen Gewicht s (kg/cdm) besteht, so findet man im obigen Maßsystem $\lambda^2 = (2 \cdot \frac{4}{3} r^3 \pi \cdot 1000\,s)$ $: (\psi \gamma r^2 \pi) = \frac{16000\,rs}{3\,\gamma} = 4125\,rs$, also ist für Gußeisen ($s = 7,25$) der Wert von $\lambda^2 = 29910\,r \sim 30000\,r$. Dann hat man

$$(1) \qquad \frac{dv}{dt} = g - \frac{v^2}{\lambda^2}.$$

Stände links $\frac{dt}{dv}$, so wäre die Differentialgleichung nach dem vorigen Verfahren integrabel. Hier führt die **Trennung der Variabeln** zum Ziel. Es ist nämlich $dv = \left(g - \frac{v^2}{\lambda^2}\right) dt$;

$$(2) \qquad dt = \frac{dv}{g - \dfrac{v^2}{\lambda^2}}.$$

Jetzt steht auf jeder Seite nur eine Veränderliche; man kann also unmittelbar integrieren und erhält, wenn mit t_0 eine Integrationskonstante bezeichnet wird

$$(3) \qquad t - t_0 = \int \frac{dv}{g - \dfrac{v^2}{\lambda^2}} = \frac{1}{g} \int \frac{dv}{1 - \dfrac{v^2}{k^2}};$$

k^2 ist dabei für $g\lambda^2$ gesetzt; in unserem Beispiel ist $k^2 = 293400\,r$.

$$(4) \qquad t - t_0 = \frac{k}{g} \operatorname{Ar} \mathfrak{Tg} \frac{v}{k}; \quad \operatorname{Ar} \mathfrak{Tg} \frac{v}{k} = \frac{g}{k}(t - t_0)$$

(5) $v = k \mathfrak{Tg} \dfrac{g\,(t - t_0)}{k}$. Ist die Anfangsgeschwindigkeit gleich Null, so ist

$$(4\,\text{a}) \qquad t = \frac{k}{g} \operatorname{Ar} \mathfrak{Tg} \frac{v}{k} = \frac{k}{2g} \ln \frac{k+v}{k-v}$$

$$(5\,\text{a}) \qquad v = k \mathfrak{Tg} \frac{gt}{k} = k \frac{e^{\frac{gt}{k}} - e^{-\frac{gt}{k}}}{e^{\frac{gt}{k}} + e^{-\frac{gt}{k}}}.$$

Ist k sehr groß, so ist die Verzögerung $\dfrac{v^2}{\lambda^2} = \dfrac{g v^2}{k^2}$ sehr klein. In diesem Fall wird in (4a) $t = \dfrac{k}{2g} \ln \left(\dfrac{1 + \dfrac{v}{k}}{1 - \dfrac{v}{k}}\right) \sim \dfrac{k}{2g} \cdot 2 \dfrac{v}{k} = \dfrac{v}{g}$, also $v = gt$;

man kommt auf eine Formel zurück, die für den freien Fall im luft=
leeren Raum gilt.

Wird $k = v$, so wird nach (4a) $t = \infty$; d. h. im Laufe der Zeit
nähert sich die Geschwindigkeit v immer mehr dem konstanten Wert k,
ohne ihn jemals zu erreichen oder zu überschreiten, die Bewegung wird
also schließlich gleichförmig.

Es sei h der durchfallene Weg.

Da $v = \dfrac{dh}{dt}$ ist, so hat man $h = k \int \mathrm{Tg} \left(\dfrac{gt}{k}\right) dt = \dfrac{k^2}{g} \, ln \, \mathrm{Cof} \left(\dfrac{gt}{k}\right) + c,$

wie man durch Differentiation leicht bestätigt. Soll h für $t = 0$ ver=
schwinden, so muß $c = 0$ sein.

Aufgaben.

25. Welches ist die größte Geschwindigkeit, die ein Wassertropfen
von 1 mm Radius beim freien Fall im Luftraum erreichen kann?

26. Man stelle das Zeit=Geschwindigkeitsdiagramm für die vorige
Aufgabe her und vergleiche es mit dem der ungehemmten Bewegung
$(v = g\,t)$.

27. Die für v und h gewonnenen Ausdrücke sollen bis auf die sechsten
Potenzen von t in Reihen entwickelt werden.

28. Eine Eisenkugel vom Radius 2 cm läßt man aus einer Höhe
von 1200 m fallen. In welcher Zeit und mit welcher Geschwindig=
keit erreicht sie die Erde? Der Luftwiderstand werde einmal ver=
nachlässigt, einmal berücksichtigt ($s = 7,5$).

29. Eine Holzkugel ($s = 0,9$) vom Radius $r = 3$ cm fällt aus einer
Höhe von 100 m. Wie groß ist die Fallzeit und die Endgeschwindigkeit?

30. Man löse die Aufgabe 29 für $h = 20$ m (vierstöckiges Haus).

31. Man integriere die Differentialgleichungen des freien Falles
ohne Luftwiderstand $\dfrac{dv}{dt} = g$; $\dfrac{dh}{dt} = v$ und weise nach, daß die Lösungen
aus den früheren Formeln hervorgehen, wenn man $k = \infty$ setzt.

Das Verfahren der Trennung der Variabeln ist in seinen Grund=
zügen durch Beispiel 8 klargelegt. Ist die Differentialgleichung erster
Ordnung $f\left(x, y, \dfrac{dy}{dx}\right) = 0$ gegeben, so versucht man (was durchaus
nicht immer gelingt) sie auf die Form $\varphi(x)\,dx = \psi(y)\,dy$ zu bringen.
Man kann dann links und rechts integrieren und erhält $\Phi(x) = \Psi(y) + c,$
wobei $\Phi(x) = \int \varphi(x)\,dx$ und $\Psi(y) = \int \psi(y)\,dy$ ohne Berücksichtigung

der Integrationskonstanten ist. Man könnte auf den Gedanken kommen, links und rechts die Integrationskonstanten hinzuzufügen, also zu schreiben
$$\Phi(x) + c_1 = \Psi(y) + c_2,$$
aber dann wäre
$$\Phi(x) = \Psi(y) + c_2 - c_1,$$
und wenn man $c_2 - c_1 = c$ setzt, so kommt man auf den vorigen Ausdruck zurück; wir haben also nur eine Integrationskonstante.

Aufgaben.

32. $\dfrac{dy}{dx} = \dfrac{b^2 x}{a^2 y}$.   **33.** $\dfrac{dy}{dx} = -\dfrac{b^2 x}{a^2 y}$.

34. Man löse die Differentialgleichungen in Aufgabe 14 und 16.

35. Eine Kugel wird mit der Anfangsgeschwindigkeit v_0 senkrecht in die Höhe geschleudert. Der Luftwiderstand ist dem Quadrat der Geschwindigkeit proportional. Wie groß ist die in t Sekunden erreichte Höhe h und welche Geschwindigkeit besitzt der Körper dann? Zahlenbeispiel: $v_0 = 600$ m/sec, $t = 10$ sec, $k^2 = 5868$ (vgl. Aufgabe 28).

36. Wann erreicht die Kugel unter den Bedingungen der vorigen Aufgabe ihre größte Höhe? Wie weit entfernt sie sich von der Erdoberfläche?

37. Die Kugel wird in die soeben berechnete Höhe gebracht. Man läßt sie ohne Anfangsgeschwindigkeit fallen. Wann erreicht sie die Erde? Wie groß ist ihre Endgeschwindigkeit?

38. Ein Körper von der Masse m kg habe die spezifische Wärme c. Seine Anfangstemperatur sei ϑ_1, seine Endtemperatur ϑ_0. Die Änderungsgeschwindigkeit des momentanen Wärmeinhaltes W sei proportional der Differenz zwischen der augenblicklichen Temperatur ϑ und der Endtemperatur. Es soll das Erkaltungsgesetz gefunden werden.

39. Der nebenstehend (Fig. 7) skizzierte Rotationskörper soll so konstruiert werden, daß für jeden der Grundfläche parallelen Querschnitt der Druck P (hervorgerufen durch die konstante Last Q und das Eigengewicht des oberen Teiles) eine konstante Größe hat. Beispiel: $Q = 400$ kg, $P = 0,45$ kg/qcm, spezifisches Gewicht des Körpers $\gamma = 7{,}8$.

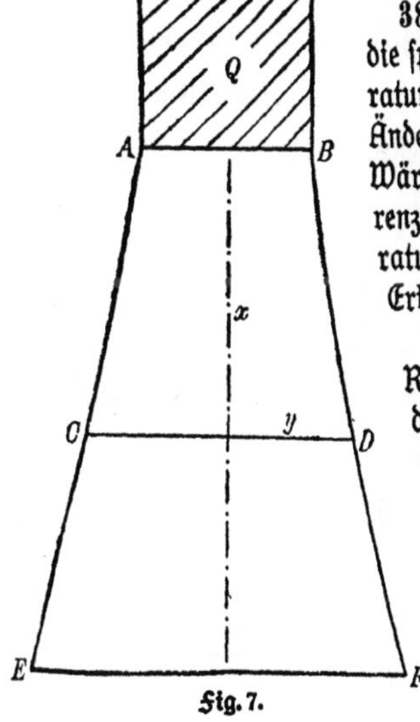

Fig. 7.

C. Subftitutionen.

Ebenfo wie man **Integrale** durch Subftitutionen, durch Einführung paffend gewählter neuer Variabeln, oft bedeutend vereinfachen kann, fo auch Differentialgleichungen. Allgemeine Regeln über die Wahl der neuen Veränderlichen laffen fich hier fo wenig wie dort aufftellen.

Beifpiel 9. $yy' = a - \dfrac{y^2}{x}$.

Wir fetzen $\dfrac{y^2}{x} = t$, alfo $y^2 = tx$. Durch Differentiation folgt $2yy' = t + xt'$, alfo $\dfrac{1}{2}t + \dfrac{1}{2}xt' = a - t$; $\dfrac{1}{2}x\dfrac{dt}{dx} = a - \dfrac{3}{2}t$; $xdt = (2a - 3t)\,dx$.

Trennt man die Variabeln, fo entfteht

$$\frac{dt}{2a - 3t} = \frac{dx}{x},$$

und hieraus $\ln x - \ln x_0 = -\dfrac{1}{3}\ln(2a - 3t)$, wenn $-\ln x_0$ die Integrationskonftante ift.

$$\frac{x}{x_0} = \frac{1}{\sqrt[3]{2a - 3t}}; \quad x^3 = \frac{x_0^3}{2a - 3t} = \frac{x_0^3}{2a - \dfrac{3y^2}{x}}.$$

$$x^3\left(2a - \frac{3y^2}{x}\right) = x_0^3; \quad 2ax^3 - 3x^2y^2 = x_0^3. \quad \text{Hieraus folgt}$$

$$y = \pm\sqrt{\frac{1}{3}\left(2ax - \frac{x_0^3}{x^2}\right)}.$$

Man zeichne für einen gegebenen Wert von a (z. B. 1,5) die Kurvenfchar.

Beifpiel 10. $yy' = f\left(\dfrac{y^2}{x}\right)$, wenn f eine gegebene Funktion ift.

Diefelbe Subftitution wie im vorigen Beifpiel liefert

$$\tfrac{1}{2}t + \tfrac{1}{2}xt' = f(t)$$

$$x\frac{dt}{dx} = 2f(t) - t$$

$$\frac{dx}{x} = \frac{dt}{2f(t) - t}; \quad \ln\left(\frac{x}{x_0}\right) = \int\frac{dt}{2f(t) - t}.$$

Da f eine bekannte Funktion ift, fo ift das Integral der rechten Seite im allgemeinen ausführbar, es fei $F(t)$. Setzt man jetzt wieder $t = \dfrac{y^2}{x}$, fo erhält man die gefuchte Beziehung zwifchen x und y.

Beifpiel 11. $\dfrac{dy}{dx} + \dfrac{y}{x} = \dfrac{1 + x^2y^2}{x^2}$.

Es fei $xy = t$, alfo $\dfrac{y}{x} = \dfrac{t}{x^2}$; $y = \dfrac{t}{x}$; $\dfrac{dy}{dx} = \dfrac{t'x - t}{x^2}$. Es refultiert

$$\frac{t'}{x} - \frac{t}{x^2} + \frac{t}{x^3} = \frac{1}{x^3} + \frac{t^2}{x^2}; \quad t' = \frac{1}{x}(1+t^2); \quad \frac{dt}{1+t^2} = \frac{dx}{x}$$

$$ln\left(\frac{x}{x_0}\right) = \text{arc tg } t; \quad t = \text{tg } ln\left(\frac{x}{x_0}\right); \quad y = \frac{1}{x}\,\text{tg } ln\left(\frac{x}{x_0}\right).$$

Man zeichne einige Kurven der Schar.

Beispiel 12. $\dfrac{dy}{dx} + \dfrac{y}{x} = \varphi(x)\, f(x \cdot y).$

Bei derselben Substitution erhält man

$$\frac{t'}{x} - \frac{t}{x^2} + \frac{t}{x^2} = \varphi(x) \cdot f(t); \quad \frac{dt}{f(t)} = x\,\varphi(x)\,dx.$$

$$\int \frac{dt}{f(t)} = \int x\,\varphi(x)\,dx + C.$$

Beispiel 13. $x + yy' = \sin\dfrac{x}{a} \cdot \sqrt{x^2 + y^2}.$

Man setze $x^2 + y^2 = r^2$, dann wird $2x + 2yy' = 2rr'$, also

$$rr' = r\sin\frac{x}{a}; \quad \frac{dr}{dx} = \sin\left(\frac{x}{a}\right);$$

$$r = r_0 - a\cos\left(\frac{x}{a}\right); \quad y = \sqrt{\left(r_0 - a\cos\frac{x}{a}\right)^2 - x^2}.$$

Aufgaben.

40. $y' = \dfrac{1}{2}\dfrac{y^3}{x^2} + \dfrac{y}{x}.$ **41.** $y' = \dfrac{1}{2}\dfrac{y^3}{ax^2} + \dfrac{y}{x};$ a konstant.

42. $y' = \dfrac{1}{2x^2y}\dfrac{y^6-x^3}{y^3-x}.$ **43.** $y' = \dfrac{1}{2ax^2y}\dfrac{y^6-a^3x^3}{y^3-ax}.$

44. $y' = y^2 f(x \cdot y);$ f sei eine gegebene Funktion.

45. $y' = (3x + 4y)^2.$ **46.** $y' = f(ax + by).$

47. $x + yy' = f(x)\,\varphi\left(\sqrt{x^2 + y^2}\right).$

Homogene Differentialgleichungen.

Läßt sich eine Differentialgleichung erster Ordnung auf die Form $\dfrac{dy}{dx} = f\left(\dfrac{y}{x}\right)$ bringen, so heißt sie **homogen**. In diesem Falle setzt man $\dfrac{y}{x} = t$; dann ist $y = xt$; $y' = t + xt'$; $t + xt' = f(t)$; $\dfrac{dt}{dx} = \dfrac{f(t) - t}{x}$,

also $\displaystyle\int \frac{dt}{f(t) - t} = \int \frac{dx}{x}$; hieraus folgt $ln\,x - ln\,x_0 = \displaystyle\int \frac{dt}{f(t) - t}.$

Beispiel 14. Eine Kurve ist durch folgende Tangentenkonstruktion charakterisiert. Man verbindet einen Kurvenpunkt P mit dem Anfangs-

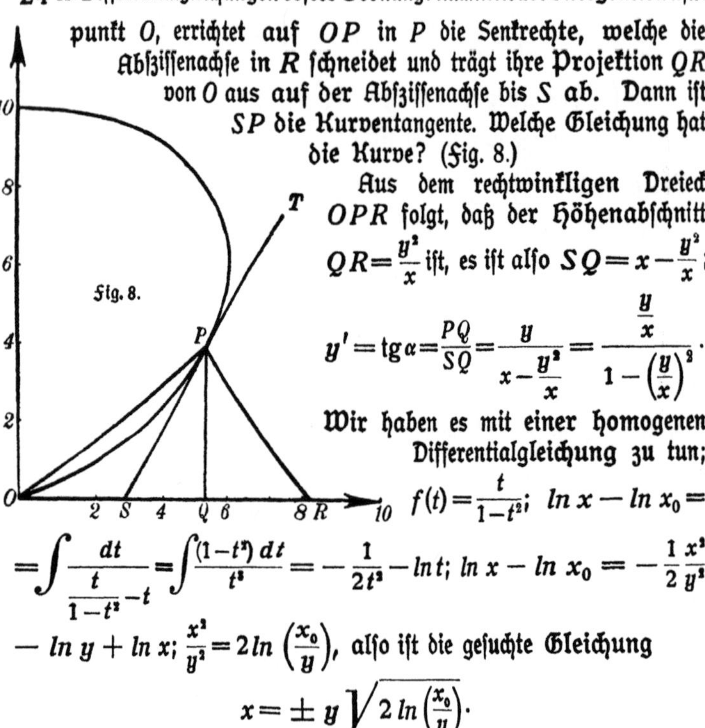

punkt O, errichtet auf OP in P die Senkrechte, welche die Abszissenachse in R schneidet und trägt ihre Projektion QR von O aus auf der Abszissenachse bis S ab. Dann ist SP die Kurventangente. Welche Gleichung hat die Kurve? (Fig. 8.)

Aus dem rechtwinkligen Dreieck OPR folgt, daß der Höhenabschnitt $QR = \dfrac{y^2}{x}$ ist, es ist also $SQ = x - \dfrac{y^2}{x}$;

$$y' = \operatorname{tg}\alpha = \frac{PQ}{SQ} = \frac{y}{x - \dfrac{y^2}{x}} = \frac{\dfrac{y}{x}}{1 - \left(\dfrac{y}{x}\right)^2}.$$

Wir haben es mit einer homogenen Differentialgleichung zu tun;

$$f(t) = \frac{t}{1-t^2}; \quad \ln x - \ln x_0 =$$

$$= \int \frac{dt}{\dfrac{t}{1-t^2} - t} = \int \frac{(1-t^2)\,dt}{t^3} = -\frac{1}{2t^2} - \ln t; \quad \ln x - \ln x_0 = -\frac{1}{2}\frac{x^2}{y^2}$$

$$-\ln y + \ln x; \quad \frac{x^2}{y^2} = 2\ln\left(\frac{x_0}{y}\right), \text{ also ist die gesuchte Gleichung}$$

$$x = \pm\, y \sqrt{2\ln\left(\frac{x_0}{y}\right)}.$$

Aufgaben.

48. Wie lautet die Gleichung der Kurve, bei der das Stück QR (Beispiel 14) dem Abschnitt gleichkommt, den die Tangente auf der Ordinatenachse erzeugt?

49. $x\,dy - y\,dx = x\operatorname{tg}\left(\dfrac{y}{x}\right) dx.$

Beispiel 15. Eine Rotationsfläche soll so berechnet werden, daß jeder Lichtstrahl, welcher ihrer Achse parallel ist, nach der Spiegelung an der polierten Fläche durch denselben Punkt der Achse geht.

Legt man eine Ebene durch die Achse, so wird die Rotationsfläche in einer Kurve geschnitten, durch deren Drehung die Fläche entsteht. Es genügt also, diese Linie zu untersuchen. Wir nehmen den charakteristischen Punkt der Achse als Anfangspunkt O des Koordinatensystems, jene als Ordinatenachse an. Die gesuchte Kurvengleichung sei $y = f(x)$. (Fig. 9.) SP sei ein achsenparalleler Lichtstrahl, P der Punkt, in welchem er die Kurve erreicht. TPR sei die Tangente, PN die Normale; T und N mögen auf den Achsen liegen. Der Einfallswinkel $SPN = \alpha$ muß nach den Spiegelgesetzen gleich dem Ausfallswinkel $NPO = \alpha_1$ sein. Ferner ist $SPR = \beta = 90^0 - \alpha = TPQ$ (Scheitelwinkel), und da das Dreieck PTQ rechtwinklig ist, so ist auch $\angle T = 90^0 - \beta = \alpha$. Die Größe dieses Winkels wird aber bestimmt durch die Beziehung $\operatorname{tg} \alpha = y'$. Man hat also in dem eben genannten Dreieck $PQ = y$, $TQ = \dfrac{y}{y'}$;

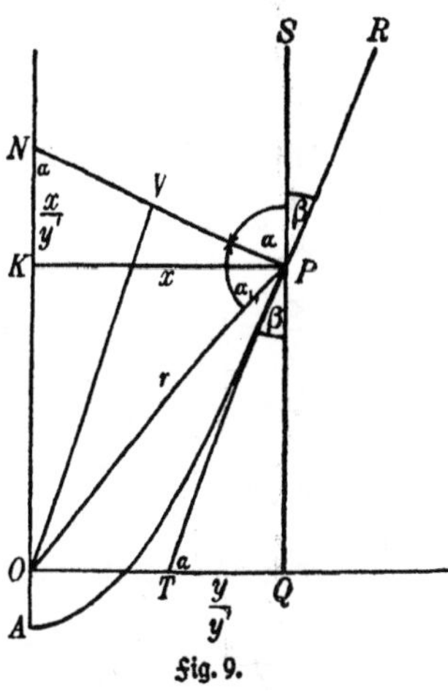

$$PT = \sqrt{y^2 + \left(\frac{y}{y'}\right)^2} = \frac{y}{y'}\sqrt{1 + (y')^2}.$$

Ein ähnliches rechtwinkliges Dreieck erhält man, wenn man in dem gleichschenkligen Dreieck NOP (es ist $\angle N = \angle NPS$) die Symmetrielinie OV zieht; daher gilt die Proportion

$$VP : OP = TQ : PT, \text{ oder die Gleichung}$$
$$VP \cdot PT = OP \cdot TQ.$$

Zieht man durch P die Parallele PK zur Abszissenachse, so sieht man, daß $PK = x$, $NK = \dfrac{x}{y'}$, $NP = \sqrt{x^2 + \left(\dfrac{x}{y'}\right)^2} = \dfrac{x}{y'}\sqrt{1 + (y')^2}$ ist, also wird unsere Gleichung

$$\frac{x}{2y'}\sqrt{1 + (y')^2} \cdot \frac{y}{y'}\sqrt{1 + (y')^2} = \sqrt{x^2 + y^2} \cdot \frac{y}{y'}, \text{ oder vereinfacht}$$

$$\frac{x}{2y'}[1 + (y')^2] = \sqrt{x^2 + y^2}$$

$$(y')^2 - \frac{2y'\sqrt{x^2 + y^2}}{x} = -1$$

$$y' = \frac{\sqrt{x^2 + y^2}}{x} \pm \sqrt{\frac{x^2 + y^2}{x^2} - 1}$$

$$y' = \sqrt{1 + \left(\frac{y}{x}\right)^2} \pm \frac{y}{x}.$$

Wir behandeln aus praktischen Gründen hier nur den Fall des positiven Vorzeichens. Die Gleichung ist homogen; wir setzen $\frac{y}{x} = t$ und $f(t) = \sqrt{1 + t^2} + t$.

Dann wird nach S. 23

$$ln\frac{x}{x_0} = \int \frac{dt}{(\sqrt{1+t^2}+t)-t} = \int \frac{dt}{\sqrt{1+t^2}} = ln(t + \sqrt{1+t^2})$$

$$\frac{x}{x_0} = (t + \sqrt{1+t^2}) = \left(\frac{y}{x} + \sqrt{1 + \frac{y^2}{x^2}}\right)$$

$$\frac{x^2}{x_0} = y + \sqrt{x^2 + y^2}; \quad \sqrt{x^2 + y^2} = \frac{x^2}{x_0} - y; \quad x^2 + y^2 = \frac{x^4}{x_0^2} - \frac{2x^2 y}{x_0} + y^2,$$

also $x^2 - \frac{x^4}{x_0^2} + \frac{2x^2 y}{x_0} = 0;$ $\frac{2x^2}{x_0}\left(y + \frac{x_0}{2} - \frac{x^2}{2x_0}\right) = 0.$ Man hat ent-

weder das bedeutungslose Ergebnis $\frac{2x^2}{x_0} = 0;$ $x = 0$ (Ordinatenachse)

oder $y + \frac{x_0}{2} - \frac{x^2}{2x_0} = 0;$ $y = \frac{x^2}{2x_0} - \frac{x_0}{2}.$

Würde auf der rechten Seite nur das erste Glied stehen, so hätten wir die Normalform einer Parabelgleichung (D. S. 17) mit dem Parameter $2x_0$; der zweite Term bewirkt eine Verminderung aller Ordinaten um $\frac{x_0}{2}$, also eine Verschiebung um den vierten Teil des Parameters, die Brennweite, nach „unten". Die gesuchte Fläche ist daher ein Rotations-paraboloid.

III. Differentialgleichungen erster Ordnung: Lineare Differentialgleichungen. Totale Differentialausdrücke. Eulerscher Multiplikator. Differentialgleichungen höheren Grades. Singuläre Lösungen.

D. Lineare Differentialgleichungen.

Eine lineare Differentialgleichung erster Ordnung muß (vgl. S. 5.) die Form haben $y' + y X_1 + X = 0$, worin X_1 und X Funktionen be-deuten, die (außer eventuellen Konstanten) nur die Variable x enthalten.

1. Verkürzte lineare Differentialgleichungen. Ist die Funktion X gleich Null, so spricht man von einer verkürzten linearen Differential-gleichung; unsere Formel reduziert sich dann auf $\frac{dy}{dx} + y X_1 = 0$.

Die Trennung der Variabeln liefert
$$\frac{dy}{y} = -X_1\, dx; \text{ hieraus folgt}$$
$$ln\, y - ln\, c = -\int X_1\, dx$$
$$y = ce^{-\int X_1\, dx}; \ c \text{ ist eine willkür=}$$
liche Konstante.

Beispiel 16. Eine Kurve ist da= durch charakterisiert, daß man für jeden Punkt die Tangente erhält, wenn man die zugehörige Abszisse verdoppelt und den Endpunkt mit dem Kurvenpunkt verbindet. Wie lautet die Gleichung der Kurve?

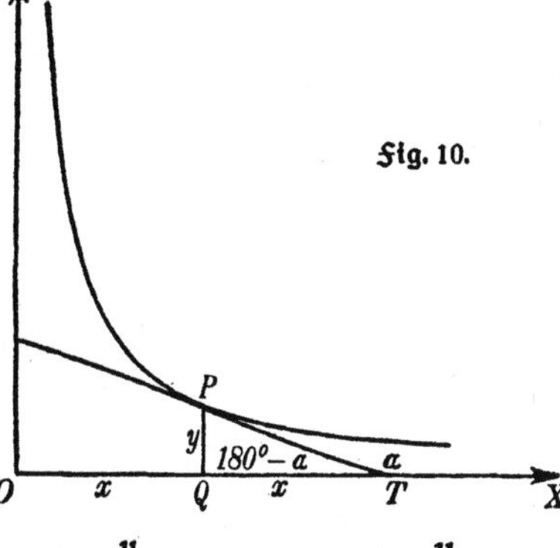

Aus Fig. 10 folgt, daß $tg\, (180^0 - \alpha) = \frac{y}{x}$ ist, also $tg\, \alpha = -\frac{y}{x}$, demnach lautet die Differentialgleichung des Problems
$$y' = -\frac{y}{x} \text{ oder } y' + \frac{y}{x} = 0.$$

Hier ist $X_1 = \frac{1}{x}; \ -\int X_1\, dx = -ln\, x = \dot{l}n\left(\frac{1}{x}\right); \ y = ce^{ln\left(\frac{1}{x}\right)}; \ y = \frac{c}{x}.$

Man erhält eine Schar von gleichseitigen Hyperbeln (D. S. 47).

Man behandle die Gleichung zur Übung auch als homogene.

Aufgaben.

50. Man teilt die Abszisse eines Kurvenpunktes in n gleiche Teile und verbindet den Kurvenpunkt mit dem nächsten Teilpunkt. Wie lautet die Kurvengleichung, wenn die Verbindungslinie eine Tangente sein soll?

51. $y' = (x \sin x - \cos x)\, y.$

52. Gegeben ist ein Achsenkreuz und ein fester Punkt mit den Koordi= naten $x = a$, $y = 0$. Zieht man durch ihn eine Parallele zu einer be= liebigen Kurventangente, so ist das Dreieck, welches die Achsen mit ihr bilden, flächengleich dem Rechteck aus den Koordinaten des Kurven= punktes. Wie lautet die Gleichung der Kurve?

2. Vollständige lineare Differentialgleichungen. Die Lösung der verkürzten linearen Differentialgleichung erster Ordnung $y' + y X_1 = 0$ hat die Form $y = c F_{(x)}$, worin $F_{(x)} = e^{-\int X_1\, dx}$ ist.

Die Lösung der vollständigen linearen Differentialgleichung $y' + y X_1 + X = 0$ sei $y = \Phi_{(x)}$, wofür wir auch schreiben können
$$y = \frac{\Phi_{(x)}}{F_{(x)}} \cdot F_{(x)} = C F_{(x)}.$$ Diese Änderung der Schreibweise ist bei jeder

Funktion Φ möglich; man erreicht, daß die Lösung der vollständigen Gleichung der der verkürzten formal angegliedert wird, nur tritt hier an Stelle der Konstanten c die Funktion C auf. Ist sie bestimmt, so kennt man auch die gesuchte Lösung Φ, wenn man vorher die Lösung der verkürzten Gleichung, F, gefunden hatte.

Beispiel 17. $y' + \dfrac{2y}{x} + \dfrac{x}{a} = 0$; a sei eine gegebene Konstante. Die verkürzte Gleichung heißt $y' + \dfrac{2y}{x} = 0$, ihre Lösung ist $y = \dfrac{c}{x^2}$. Die Lösung der vollständigen Gleichung setzen wir in der Form

$$y = \frac{C}{x^2} \text{ an. Es ist dann } \frac{dy}{dx} = \frac{\dfrac{dC}{dx} \cdot x^2 - 2xC}{x^4} = \frac{1}{x^2}\frac{dC}{dx} - \frac{2C}{x^3}. \text{ Setzt}$$

man die Werte für y und y' ein, so entsteht aus der gegebenen Gleichung

$$\frac{1}{x^2}\frac{dC}{dx} - \frac{2C}{x^3} + \frac{2}{x} \cdot \frac{C}{x^2} + \frac{x}{a} = 0; \qquad \frac{1}{x^2}\frac{dC}{dx} = -\frac{x}{a}; \qquad \frac{dC}{dx} = -\frac{x^3}{a};$$

$C = -\dfrac{x^4}{4a} + K$. K ist die Integrationskonstante. Die Lösung der voll-

ständigen Gleichung lautet also $y = \dfrac{-\dfrac{x^4}{4a} + K}{x^2} = -\dfrac{x^2}{4a} + \dfrac{K}{x^2}$.

Nach diesem Beispiel können wir unser Problem leicht allgemein behandeln. Es war $y' + yX_1 + X = 0$; F war die Lösung der verkürzten Gleichung, d. h. $F' + F \cdot X_1 = 0$, und y war $= CF$ gesetzt. Es ist dann $y' = C'F + CF'$, also $C'F + CF' + CF \cdot X_1 + X = 0$; $C'F + C(F' + F \cdot X_1) + X = 0$. Da der Klammerinhalt verschwin-

det, so ist $C'F + X = 0$, also $C = -\displaystyle\int \frac{X}{F}dx + K$; $y = CF$.

Man nennt dies von **Lagrange** herrührende Verfahren die **Variation der Konstanten.** Seine großartigste Anwendung findet es in der Mechanik des Himmels. Unter dem alleinigen Einflusse der Sonnenanziehung würde ein Planet eine Ellipse beschreiben, deren Gestalt, Lage und Größe für alle Zeiten gleichbliebe; sie ließe sich durch fünf konstante Größen, die Bahnelemente, eindeutig festlegen. Wegen der Anziehungen der andern Planeten komplizieren sich aber die Differentialgleichungen der Bewegung ähnlich wie in unserem Falle; man nimmt dann die Bahnelemente als variabel an und bestimmt ihre Differentialgleichungen. Man verbiegt also die ursprüngliche Ellipse von Zeitmoment zu Zeitmoment so, daß sie jedesmal eine Ellipse bleibt und sich der wirklichen, sehr komplizierten Bahn aufs beste anpaßt.

Aufgaben.

53. $y' + \dfrac{y}{x} = \sin x.$ **54.** $y' + 2y = e^{3x}.$ **55.** $y' + y - e^{-x} = 0.$

Beispiel 18. Eine radioaktive Substanz, welche zur Zeit $t = 0$ aus N_0 Atomen bestand, zerfällt im Laufe der Zeit in einen andern Stoff. Nach t Sekunden sind nur noch $N = N_0 e^{-\lambda t}$ Atome von der ursprünglichen Beschaffenheit vorhanden (J. S. 59). λ ist dabei die für das Präparat charakterische Zerfallskonstante. In der Zeiteinheit (1 sec) wächst N um $\dfrac{dN}{dt} = -N_0 \lambda e^{-\lambda t} = -\lambda N$ Atome; die ursprüngliche Masse A verliert λN Atome, die neue Beschaffenheit (B) annehmen. Es kann nun vorkommen, daß der neue Stoff sich in einen dritten (C) umwandelt. Es soll das Umwandlungsgesetz angegeben werden, wenn die Zerfallskonstante des zweiten Stoffes λ_1 ist und zur Zeit $t = 0$ schon M_0 Atome von B vorhanden waren.

Wäre die Substanz B stabil, so würden zur Zeit t vom ersten Stoffe λN Atome in jeder Sekunde hinzukommen. Unsere Voraussetzung trifft aber nicht zu; der Stoff B verliert in jeder Sekunde durch eigenen Zerfall $\lambda_1 M$ Atome, wenn M die Anzahl Atome bedeutet, die er zur Zeit t besitzt. Daher ist

$$\frac{dM}{dt} = \lambda N - \lambda_1 M = \lambda N_0 e^{-\lambda t} - \lambda_1 M; \quad \frac{dM}{dt} + \lambda_1 M - \lambda N_0 e^{-\lambda t} = 0.$$

Wir haben eine lineare unverkürzte Differentialgleichung mit den Variabeln M und t, den Konstanten λ, λ_1, N_0 (und e) vor uns.

$$X_1 = \lambda_1; \quad X = -\lambda N_0 e^{-\lambda t}; \quad x = t, \; y = M; \; M = Ce^{-\lambda_1 t};$$

$$C = -\int \frac{-\lambda N_0 e^{-\lambda t}}{e^{-\lambda_1 t}} \, dt + K;$$

$$C = \lambda N_0 \int e^{(\lambda_1 - \lambda)t} \, dt + K = \frac{\lambda N_0}{\lambda_1 - \lambda} e^{(\lambda_1 - \lambda)t} + K;$$

$$M = \frac{\lambda N_0}{\lambda_1 - \lambda} e^{-\lambda t} + K e^{-\lambda_1 t}.$$

Zur Bestimmung der Größe K beachten wir, daß zur Zeit $t = 0$ vom zweiten Stoffe M_0 Atome vorhanden waren; da für $t = 0$ sowohl $e^{-\lambda t}$ wie $e^{-\lambda_1 t}$ gleich 1 werden, so ist $M_0 = \dfrac{\lambda N_0}{\lambda_1 - \lambda} + K$. Setzt man diesen Wert von K in den Ausdruck für M ein, so ergibt sich

$$M = \frac{\lambda N_0}{\lambda_1 - \lambda} (e^{-\lambda t} - e^{-\lambda_1 t}) + M_0 e^{-\lambda_1 t}.$$

Aufgaben.

56. Wieviel Atome Radiumemanation ($\lambda_1 = 2{,}085 \cdot 10^{-6}$) entstehen im Laufe eines Tages aus $1\,000\,000$ Atomen Radium ($\lambda = 1{,}26 \cdot 10^{-11}$), wenn anfangs nur Radium vorhanden war?

57. Wieviel Atome Radiumemanation sind nach einem Tage vorhanden, wenn anfangs $500\,000$ Atome Radium und $500\,000$ Atome Emanation nebeneinander bestanden?

58. Wieviel Atome Radiumemanation sind nach einem Tage vorhanden, wenn man anfangs $1\,000\,000$ Atome Emanation und kein Atom Radium hatte?

59. Wieviel Emanation besteht in den drei vorher behandelten Fällen noch nach unendlich langer Zeit?

60. Wann ist unter den Anfangsbedingungen der Aufgabe 56 der Emanationsgehalt maximal? Wie groß ist er?

E. Integration totaler Differentiale.

Die zuletzt behandelten Differentialgleichungen hatten die Form $y' + f(x, y) = 0$. Hierin bedeutete f eine Funktion, die in bezug auf y vom ersten Grade war. Wir wollen diese Voraussetzung jetzt fallen lassen. Derartige Gleichungen sind uns schon aus der Differentialrechnung bekannt; ist nämlich $\varphi(x, y) = 0$, so hat man (D. S. 24 f.)

$$\Delta \varphi = \frac{\varphi(x_1, y_1) - \varphi(x, y_1)}{\Delta x} \, \Delta x + \frac{\varphi(x, y_1) - \varphi(x, y)}{\Delta y} \, \Delta y \text{ und im}$$

Grenzfall $d\varphi = \dfrac{\partial \varphi}{\partial x} dx + \dfrac{\partial \varphi}{\partial y} dy$; es ist das totale Differential von φ

gebildet. Aus $\varphi = 0$ folgt $\dfrac{\partial \varphi}{\partial x} dx + \dfrac{\partial \varphi}{\partial y} dy = 0$ oder $y' = \left(-\dfrac{\partial \varphi}{\partial x}\right) : \left(\dfrac{\partial \varphi}{\partial y}\right)$.

Ist umgekehrt eine Differentialgleichung dieser Art gegeben, so kann man aus ihr schließen, daß zwischen den Variabeln die Beziehung $\varphi(x, y) = 0$, aber auch allgemein $\varphi(x, y) = c$ besteht; c ist eine willkürliche Konstante.

Beispiel 19. $(ax + by)\,dx + (bx + cy)\,dy = 0.$

Man sieht leicht, daß $ax + by$ der partielle Differentialquotient nach x der Funktion $\varphi = \frac{1}{2} ax^2 + bxy + C$ ist. C braucht hier nur in bezug auf x konstant zu sein, kann aber wohl noch y als Variable enthalten, denn bei der partiellen Differentiation nach x wird y und jede Funktion dieser Größe als Konstante behandelt.

Soll unsere Funktion φ der vorgelegten Differentialgleichung genügen, so muß $\frac{\partial \varphi}{\partial y} = bx + cy$ sein; $bx + \frac{dC}{dy} = bx + cy$ (der partielle Differentialquotient von C nach y ist mit dem totalen identisch, weil C außer y keine Variable enthält). Aus $\frac{dC}{dy} = cy$ folgt $C = \frac{1}{2} cy^2 + k$ (k ist konstant); die gesuchte Lösung ist $\frac{1}{2} ax^2 + bxy + \frac{1}{2} cy^2 + k = 0$. Wie eine eingehendere mathematische Untersuchung und die graphische Darstellung lehrt, erhält man Kegelschnitte.

Aufgaben.

61. $(3x^2 + y^2)\, dx + 2y\, (x - 2a)\, dy = 0.$

62. $(3x^2 - ay)\, dx + (3y^2 - ax)\, dy = 0.$

63. $[x\, (x^2 + y^2) - a^2 x]\, dx + [y\, (x^2 + y^2) + a^2 y]\, dy = 0.$

64. $x'\, y^2\, dx + (2y^3 + 3by^2 + b^2 y - a^2 y + x^2 y - a^2 b)\, dy = 0.$

Um zu entscheiden, wann eine Differentialgleichung nach dem eben besprochenen Verfahren behandelt werden kann, gehen wir auf den Begriff der partiellen Differentiation zurück, deren Wesen ja darin besteht, daß eine Variable als konstant behandelt wird. Es sei $z = \varphi\, (x, y)$. Dann ist $\frac{\partial z}{\partial x} \approx \frac{\varphi\, (x_1, y) - \varphi\, (x, y)}{x_1 - x}$; $\frac{\partial z}{\partial y} \approx \frac{\varphi\, (x, y_1) - \varphi\, (x, y)}{y_1 - y}$, wenn x_1 und x, y_1 und y Werte sind, die sich sehr wenig unterscheiden. Differentiiert man z erst partiell nach x, dann das Ergebnis partiell nach y, so schreibt man dafür $\frac{\partial^2 z}{\partial x \partial y}$; führt man die Operationen in umgekehrter Reihenfolge aus, so erhält man $\frac{\partial^2 z}{\partial y \partial x}$. In Aufgabe 62 findet man z. B. $\frac{\partial \varphi}{\partial x} = 3x^2 - ay$; $\frac{\partial^2 \varphi}{\partial x \partial y} = -a$; $\frac{\partial \varphi}{\partial y} = 3y^2 - ax$; $\frac{\partial^2 \varphi}{\partial y \partial x} = -a$.

In Aufgabe 61 erhält man $\frac{\partial^2 \varphi}{\partial x \partial y} = 2y$; $\frac{\partial^2 \varphi}{\partial y \partial x}$ hat denselben Wert. Es ist allgemein, wenn $\frac{\partial z}{\partial x}$ und $\frac{\partial z}{\partial y}$ stetige Funktionen von x und y sind, $\frac{\partial^2 z}{\partial x \partial y} = \frac{\partial^2 z}{\partial y \partial x}$. Der Nachweis ist leicht.

$$\frac{\partial z}{\partial x} \approx \frac{\varphi\, (x_1, y) - \varphi\, (x, y)}{x_1 - x}; \quad \frac{\partial^2 z}{\partial x \partial y} \approx \frac{\dfrac{\varphi(x_1, y_1) - \varphi(x, y_1)}{x_1 - x} - \dfrac{\varphi(x_1, y) - \varphi(x, y)}{x_1 - x}}{y_1 - y}$$

$$\frac{\partial^2 z}{\partial x \partial y} \approx \frac{\varphi\, (x_1, y_1) - \varphi\, (x, y_1) - \varphi\, (x_1, y) + \varphi\, (x, y)}{(x_1 - x)\, (y_1 - y)}.$$

Bildet man analog $\frac{\partial^2 z}{\partial y \partial x} = \frac{\partial}{\partial y}\left(\frac{\partial z}{\partial x}\right)$, so ändert sich nur die Stellung der mittleren Glieder im Zähler, nicht der Wert des Bruches. Geht man zur Grenze über, so wird aus der ungefähren Gleichheit ($\approx$) die genaue ($=$).

Es sei jetzt die Gleichung $P\,dx + Q\,dy = 0$ gegeben, in welcher P und Q Funktionen von x und y sind. Zur Anwendung unseres Verfahrens ist notwendig, daß $P = \dfrac{\partial \varphi}{\partial x}$ und $Q = \dfrac{\partial \varphi}{\partial y}$ ist, also $\dfrac{\partial^2 \varphi}{\partial x \partial y} = \dfrac{\partial P}{\partial y}$, $\dfrac{\partial^2 \varphi}{\partial y \partial x} = \dfrac{\partial Q}{\partial x}$, das gesuchte Kriterium ist $\dfrac{\partial P}{\partial y} = \dfrac{\partial Q}{\partial x}$.

Aufgaben.

Sind die folgenden Differentialgleichungen nach dieser Methode lösbar?

65. $[3\,(x^2+y^2)\,x - 4\,a^2 xy^2]\,dx + [3\,(x^2+y^2)\,y - 4\,a^2 x^2 y]\,dy = 0$.

66. $(2x^3 + 2mxy)\,dx + (2y^3 - 3ay^2 + mx^2)\,dy = 0$.

67. $(4x^3 y^3 + 3ax^2 y^2 + by)\,dx + (4x^4 y^2 + 3ax^3 y + 2bx)\,dy = 0$.

68. $y^2\,dx + x^2\,dy = 0$. **69.** $(2x + ay)\,dx + (2y + bx)\,dy = 0$.

70. $x^a y^b\,dx = x^c y^k\,dy$.

F. Der Eulersche Multiplikator.

Differentiiert man $\varphi = \dfrac{1}{x} + \dfrac{1}{y} = c$ total, so erhält man $-\dfrac{1}{x^2}\,dx - \dfrac{1}{y^2}\,dy = 0$ oder nach Beseitigung der Brüche $y^2\,dx + x^2\,dy = 0$. Hier ist $\dfrac{\partial P}{\partial y} = 2y$, $\dfrac{\partial Q}{\partial x} = 2x$, der neue Ausdruck ist also kein totales Differential, wohl aber kann er dazu gemacht werden, wenn man ihn mit $-\dfrac{1}{x^2 y^2}$ multipliziert, er geht dann in die zuerst hingeschriebene Differentialgleichung über. Von Euler rührt der Gedanke her, eine beliebige Differentialgleichung durch Multiplikation mit einem passend gewählten „integrierenden Faktor" so umzuwandeln, daß links vom Gleichheitszeichen ein totales Differential, rechts Null steht.

Beispiel 20. $(2y^3 - 5ax^3)\,dx + 3xy^2\,dy = 0$. Es ist $\dfrac{\partial P}{\partial y} = 6y^2$; $\dfrac{\partial Q}{\partial x} = 3y^2$, wir haben also kein totales Differential vor uns. Der integrierende Faktor sei M, er wird im allgemeinen eine Funktion von x und y sein. Für die neue Gleichung $M(2y^3 - 5ax^3)\,dx + 3Mxy^2\,dy = 0$ ist die Integrabilitätsbedingung

$$\frac{\partial}{\partial y}\left[M\left(2y^3 - 5ax^3\right)\right] = \frac{\partial}{\partial x}\left[3Mxy^2\right] \text{ oder (Produktenregel!)}$$

$$\frac{\partial M}{\partial y}\left(2y^3 - 5ax^3\right) + 6My^2 = \frac{3\partial M}{\partial x}xy^2 + 3My^2$$

$$\frac{\partial M}{\partial y}\left(2y^3 - 5ax^3\right) - 3\frac{\partial M}{\partial x}xy^2 = -3My^2.$$

Wir haben also statt einer **totalen** Differentialgleichung eine **partielle** (da partielle Differentialquotienten auftreten); deren allgemeine Behandlung überschreitet die Aufgabe unseres Buches. Jedenfalls scheint das Problem schwieriger, statt einfacher geworden zu sein. Indessen kann man oft durch Vermutungen wenigstens eine Lösung der neuen Gleichung finden, und eine genügt. Vielleicht ist in unserem **besonderen** Falle M gar nicht notwendigerweise eine Funktion von x und y, sondern enthält nur x. Dann ist $\frac{\partial M}{\partial y} = 0$, $\frac{\partial M}{\partial x} = \frac{dM}{dx}$, und wir haben $-3\frac{dM}{dx}xy^2 = -3My^2$, $x\frac{dM}{dx} = M$, woraus sich sofort $lnM = lnx$, $M = x$ ergibt. (Die Integrationskonstante spielt hier keine Rolle.)

Wir erhalten $\left(2y^3x - 5ax^4\right)dx + 3x^2y^2dy = 0$. Die Integrabilitätsbedingung ist erfüllt; man findet als Integral leicht $x^2y^3 - ax^5 = k$.

Es gibt zu einer gegebenen Differentialgleichung $Pdx + Qdy = 0$ unendlich viele Multiplikatoren; es mögen zwei von ihnen, M und N, gefunden sein. Dann ist

$$\frac{\partial}{\partial y}(PM) = \frac{\partial}{\partial x}(QM); \; \frac{\partial}{\partial y}(PN) = \frac{\partial}{\partial x}(QN).$$

Die erste Gleichung gibt ausgerechnet

$$\frac{\partial P}{\partial y}\cdot M + \frac{\partial M}{\partial y}\cdot P = \frac{\partial Q}{\partial x}M + \frac{\partial M}{\partial x}Q$$

$$\frac{\partial M}{\partial y}P - \frac{\partial M}{\partial x}Q = M\left(\frac{\partial Q}{\partial x} - \frac{\partial P}{\partial y}\right)$$

$$\frac{1}{M}\frac{\partial M}{\partial y}P - \frac{1}{M}\frac{\partial M}{\partial x}Q = \frac{\partial Q}{\partial x} - \frac{\partial P}{\partial y}.$$

Differentiiert man $z = lnM$ partiell nach y, so erhält man

$$\frac{\partial z}{\partial y} = \frac{dz}{dM}\cdot\frac{\partial M}{\partial y} = \frac{1}{M}\frac{\partial M}{\partial y},$$

also gerade einen Bestandteil des ersten Gliedes; es ist

$$P\cdot\frac{\partial}{\partial y}(lnM) - Q\frac{\partial}{\partial x}(lnM) = \frac{\partial Q}{\partial x} - \frac{\partial P}{\partial y}.$$

Ebenso kann man mit dem Multiplikator N verfahren; dann ist

$P \frac{\partial}{\partial y}(lnN) - Q \frac{\partial}{\partial x}(lnN) = \frac{\partial Q}{\partial x} - \frac{\partial P}{\partial y}$. Durch Subtraktion der beiden letzten Gleichungen findet man

$$P\left[\frac{\partial}{\partial y}(lnM) - \frac{\partial}{\partial y}(lnN)\right] - Q\left[\frac{\partial}{\partial x}(lnM) - \frac{\partial}{\partial x}(lnN)\right] = 0;$$

$$P \frac{\partial}{\partial y}(lnM - lnN) - Q \frac{\partial}{\partial x}(lnM - lnN) = 0;$$

$$P \frac{\partial}{\partial y} ln\left(\frac{M}{N}\right) - Q \frac{\partial}{\partial x} ln\left(\frac{M}{N}\right) = 0; \quad P:Q = \frac{\partial}{\partial x} ln\left(\frac{M}{N}\right) : \frac{\partial}{\partial y} ln\left(\frac{M}{N}\right).$$

Ist nun $\varphi(x,y) = k$ das Integral der ursprünglichen Gleichung, so hat man $\frac{\partial \varphi}{\partial x} dx + \frac{\partial \varphi}{\partial y} dy = 0$; $\frac{dy}{dx} = -\left(\frac{\partial \varphi}{\partial x}\right):\left(\frac{\partial \varphi}{\partial y}\right)$; aus der Gleichung selbst folgt $\frac{dy}{dx} = -P:Q$, also $\frac{\partial \varphi}{\partial x}:\frac{\partial \varphi}{\partial y} = P:Q$.

Verbinden wir diese Formel mit dem soeben gefundenen Resultat, so finden wir $\frac{\partial \varphi}{\partial x}:\frac{\partial \varphi}{\partial y} = \frac{\partial}{\partial x} ln\left(\frac{M}{N}\right):\frac{\partial}{\partial y} ln\left(\frac{M}{N}\right)$.

Wir können also $\varphi = ln\frac{M}{N}$ setzen, und da $\varphi = k$ das Integral der vorgelegten Differentialgleichung ist, so können wir es auch in der Form schreiben

$$ln\left(\frac{M}{N}\right) = k, \quad \frac{M}{N} = e^k = k_1.$$

Sind also zwei Eulersche Multiplikatoren bekannt, so erhält man das Integral der vorgelegten Differentialgleichung einfach dadurch, daß man den Quotienten der beiden integrierenden Faktoren einer beliebigen Konstanten gleichsetzt.

Beispiel 21. $y^2 dx + x^2 dy = 0$.

Die Differentialgleichung des Multiplikators lautet

$$y^2 \frac{\partial M}{\partial y} - x^2 \frac{\partial M}{\partial x} = 2M(x-y).$$

1) Wir sehen zu, ob M vielleicht derart von x und y abhängt, daß diese Größen nur in der Verbindung $x + y$ auftreten, mit andern Worten, wir machen die Annahme, daß M eine Funktion von t allein ist, wenn $x + y = t$ gesetzt wird. Dann ist

$$\frac{\partial M}{\partial x} = \frac{dM}{dt}\frac{\partial t}{\partial x} = \frac{dM}{dt}\cdot 1 = \frac{dM}{dt}; \quad \frac{\partial M}{\partial y} = \frac{dM}{dt}\frac{\partial t}{\partial y} = \frac{dM}{dt}, \text{ also}$$

$$\frac{dM}{dt}(y^2 - x^2) = 2M(x-y); \quad \frac{dM}{dt}(y-x)(y+x) = 2M(x-y);$$

$$\frac{dM}{dt} = -\frac{2M}{x+y} = -\frac{2M}{t}.$$

Hieraus folgt $\dfrac{dM}{M} = -\dfrac{2\,dt}{t}$; $lnM = -2lnt$; $M = \dfrac{1}{t^2} = \dfrac{1}{(x+y)^2}$.

Ist $\varphi(x, y) = 0$ das gesuchte Integral, so hat man $\dfrac{\partial \varphi}{\partial x} = \dfrac{y^2}{(x+y)^2}$;

$\varphi = -\dfrac{y^2}{x+y} + C$; C ist eine Funktion von y allein. $\dfrac{\partial \varphi}{\partial y} = \dfrac{x^2}{(x+y)^2}$;

$= \dfrac{2y(x+y) - 1(y^2)}{(x+y)^2} + \dfrac{dC}{dy} = \dfrac{x^2}{(x+y)^2}$. Hieraus folgt leicht, daß $C' = 1$,

demnach $C = y - k$ ist. Es ergibt sich $\varphi = -\dfrac{y^2}{x+y} + y - k$; $\dfrac{xy}{x+y} = k$.

2) Vielleicht ist M eine Funktion, die als Variable allein $u = x \cdot y$ enthält; dann ist $\dfrac{\partial M}{\partial x} = \dfrac{dM}{du} \cdot y$; $\dfrac{\partial M}{\partial y} = \dfrac{dM}{du} \cdot x$. Setzt man diese Ausdrücke in die Differentialgleichung für M ein, so erhält man

$\dfrac{dM}{du}(y^2 x - x^2 y) = 2M(x-y)$; $\dfrac{dM}{du} = -\dfrac{2M}{xy} = -\dfrac{2M}{u}$; $M = \dfrac{1}{x^2 y^2}$.

$\dfrac{y^2 dx}{x^2 y^2} + \dfrac{x^2 dy}{x^2 y^2} = 0$ liefert uns das Integral $-\dfrac{1}{x} - \dfrac{1}{y} = k_1$ oder

$-\dfrac{x+y}{xy} = k_1$ oder $\dfrac{xy}{x+y} = -\dfrac{1}{k_1}$. Bezeichnen wir die willkürliche Konstante $-\dfrac{1}{k_1}$ mit k, so kommen wir auf die unter 1) ermittelte Form.

Der zuerst gefundene Multiplikator ist $M_1 = \dfrac{1}{(x+y)^2}$, der zweite $M_2 = \dfrac{1}{x^2 y^2}$, der Quotient $\dfrac{M_1}{M_2} = \left(\dfrac{xy}{x+y}\right)^2$. Wenn wir ihn gleich einer Konstanten k^2 setzen, so kommen wir auf $\dfrac{xy}{x+y} = k$, wodurch der vorher abgeleitete allgemeine Satz an einem Beispiel bestätigt wird.

Aufgaben.

71. $(3xy + 2y^2)\,dx + (3xy + 2x^2)\,dy = 0$. Man nehme an, daß der Multiplikator a) eine Funktion von $x+y$, b) von xy sei.

72. $(x^2 - 2xy - 3y^2)\,dx - (y^2 - 2xy - 3x^2)\,dy = 0$; $M_1 = f_1(x+y)$; $M_2 = f_2(x-y)$.

73. $y(x^2 + 2y^2)\,dx + x(y^2 + 2x^2)\,dy = 0$; $M_1 = f_1(x^2 + y^2)$; $M_2 = f_2(xy)$.

74. $(4x^2 + 3y^2)\,dx + xy\,dy = 0$; $M_1 = f_1(x)$; $M_2 = f_2(x^2 + y^2)$.

75. Nach welcher andern Methode lassen sich die letzten Aufgaben lösen?

3*

G. Differentialgleichungen erster Ordnung höheren Grades.

Beispiel 22. $(y')^3 - y' = 0$.

Es liegt nahe, aus dieser Gleichung zunächst y' zu bestimmen, wofür wir vorübergehend z schreiben wollen. Es ist $z^3 - z = 0$; $z(z^2 - 1) = 0$; $z(z - 1)(z + 1) = 0$. Daher muß entweder $z = 0$ sein, oder $z = 1$, oder $z = -1$. Ist $z = \frac{dy}{dx} = 0$, so muß $y = c$ sein; aus $z = \frac{dy}{dx} = 1$ folgt $y = x + c$; aus $z = -1$ resultiert $y = -x + c$. Da entweder $y - c = 0$ oder $y - x - c = 0$ oder $y + x - c = 0$ ist, so lautet das vollständige Integral $(y - c)(y - x - c)(y + x - c) = 0$. Geometrisch stellt sich die Gleichung als ein System von drei Scharen paralleler Geraden dar.

Beispiel 23. $(y')^2 - y'(2x + 1) + 2x = 0$.

Es sei $y' = z$. Die Gleichung $z^2 - z(2x + 1) + 2x = 0$ hat die Wurzeln $z_1 = 2x$, $z_2 = 1$. Da also $y_1 = x^2 + c$, $y_2 = x + c$ sein muß, so ist die gesuchte Lösung $(y - x^2 - c)(y - x - c) = 0$. Man erhält eine Schar von Parabeln und eine Schar von Geraden.

Aufgaben.

76. $(y')^2 - (a + b)y' + ab = 0$. **77.** $(y')^2 - \frac{a}{x} = 0$.

78. $(y')^2 \cdot y^2 - x^2 = 0$.

79. Es soll eine Kurve bestimmt werden, bei welcher die zwischen den zu $x = a$ und $x = x$ gehörigen Ordinaten liegende Fläche der Bogenlänge proportional ist.

Singuläre Lösungen.

Wir haben zu Beginn unserer Betrachtungen (S. 12 f.) gesehen, daß die Kurven einer Schar eine gemeinsame Differentialgleichung besitzen; wir haben vorher gefunden, daß eine Kurvenschar eine Enveloppe besitzen kann. Es erhebt sich die Frage, ob jene Differentialgleichung auch wohl für die Enveloppe gilt, die ja kein Individuum jener Schar ist, aber doch mit ihren Gliedern im engen Zusammenhange steht.

Beispiel 24. In Beispiel 2 wurde gezeigt, daß die Schar der Geraden, welche durch die Gleichung (1) $y = \frac{c}{m}x - \frac{c^2}{m}$ charakterisiert ist, als Enveloppe die Parabel (2) $y = \frac{x^2}{4m}$ besitzt. m ist eine Konstante, c ein

Parameter, deſſen Größe die einzelnen Glieder der Kurvenſchar kenn=
zeichnet.

Um die Differentialgleichung der Kurvenſchar zu finden, bildet man
(3) $y' = \dfrac{c}{m}$ und eliminiert aus (1) und (3) die Größe c, indem man
in (1) einfach $\dfrac{c}{m}$ durch y' erſetzt. Man erhält (4) $y = xy' - m\,(y')^2$.

Nach (2) iſt die Differentialgleichung der Enveloppe (5) $y' = \dfrac{x}{2m}$.
Sagen die Gleichungen (4) und (5) dasſelbe aus? Dann müſſen wir,
wenn wir $y' = \dfrac{x}{2m}$ in (4) einſetzen, etwas Selbſtverſtändliches erhalten.

$y = \dfrac{x^2}{2m} - \dfrac{x^2}{4m}$; $y = \dfrac{x^2}{4m}$. Dieſe Gleichung gibt uns nichts Neues,
ſondern wiederholt nur, daß wir es mit den Punkten der Enveloppe
(2) zu tun haben, was wir bei der Bildung von (5) ſchon vorausſetzten.
Die Differentialgleichung (4) gilt alſo nicht nur für jedes Glied der
Kurvenſchar, ſondern auch für deren Enveloppe, obwohl wir es in dem
einen Falle mit Geraden, im zweiten mit einer Parabel zu tun haben.

In der Tat gibt es für jeden Parabelpunkt eine Gerade der Schar,
welche ſich der Kurve ſo genau anſchmiegt, daß ihre Elementarſtücke
zuſammenfallen. Die Differentialgleichung gibt aber an, welche Be=
ziehung zwiſchen den unendlich kleinen Stücken dx, dy und den Koordi=
naten des betreffenden Kurvenpunktes x, y, beſtehen; gilt ſie für die
Geradenſchar, ſo ſtimmt ſie auch für die Parabel.

Dieſe Betrachtung gilt für jede Kurvenſchar (die Individuen brauchen
keine Geraden zu ſein), welche eine Enveloppe hat. Die Enveloppe berührt
in jedem Punkte eine beſtimmte Kurve, ſie hat alſo mit dieſer eine
gemeinſame Tangente; die Größen x, y, dx, dy fallen bei der Kurve,
der Enveloppe und der Tangente zuſammen; die Differentialgleichung
der Kurvenſchar gilt auch für die Enveloppe.

Gehen wir jetzt von der Differentialgleichung aus; ſie ſei in der
Form (a) $\dfrac{dy}{dx} = f(x, y)$ gegeben. Wir betrachteten ſie bisher als gelöſt,
wenn wir ihre vollſtändige Integralgleichung (b) $\varphi\,(x, y, c) = 0$
hinſchreiben konnten. Jetzt aber wiſſen wir, daß auch die Enveloppe
der Kurvenſchar eine Löſung der Differentialgleichung iſt; wir nennen
ſie die ſinguläre Löſung. Nach früheren Unterſuchungen (S. 8f.)
finden wir ſie, indem wir aus $\varphi = 0$ und $\dfrac{\partial \varphi}{\partial c} = 0$ die Größe c eliminieren,

so daß nur noch eine Gleichung zwischen x und y übrig bleibt. Die singuläre Lösung enthält also keine willkürliche Konstante mehr. Sie ist nicht, wie die partikuläre, nur ein Spezialfall der allgemeinen Lösung.

Zur Sicherheit wollen wir dies noch analytisch begründen. Fassen wir in φ die drei Größen x, y, c als veränderlich auf, so gilt, wie man sich leicht überzeugt (vgl. S. 30), die Beziehung

$$d\varphi = \frac{\partial \varphi}{\partial x}\,dx + \frac{\partial \varphi}{\partial y}\,dy + \frac{\partial \varphi}{\partial c}\,dc = 0.$$

Ist $\varphi = 0$, so muß auch

$$(c)\ \frac{\partial \varphi}{\partial x} + \frac{\partial \varphi}{\partial y}\frac{dy}{dx} + \frac{\partial \varphi}{\partial c}\frac{dc}{dx} = 0\ \text{sein.}$$

Nun folgte nach Voraussetzung aus der Differentialgleichung (a) die vollständige Integralgleichung (b), in welcher c eine willkürliche Konstante war. Aus (b) entsteht nach S. 30 $(d)\ \frac{\partial \varphi}{\partial x} + \frac{\partial \varphi}{\partial y}\frac{dy}{dx} = 0$, gültig für jeden beliebigen, also für alle Werte von c. Sollen (c) und (d) miteinander verträglich sein, so muß $(e)\ \frac{\partial \varphi}{\partial c}\frac{dc}{dx} = 0$ sein. Dies ist entweder dadurch zu erreichen, daß man c konstant hält $\left(\frac{dc}{dx} = 0\right)$; man erhält dadurch wieder die allgemeine Integralgleichung (Kurvenschar), oder auch dadurch, daß man $\frac{\partial \varphi}{\partial c} = 0$ setzt, ohne daß c konstant ist. Die zweite Möglichkeit liefert in Verbindung mit (b) die singuläre Lösung (Enveloppe).

Aufgaben.

Man bestimme die Enveloppen der folgenden Kurvenscharen und weise nach, daß sie denselben Differentialgleichungen genügen wie jene.

80. $x + c^2 y - c = 0$.   81. $y = -x\,\operatorname{tg} c + l \sin c$.

82. $\dfrac{x^2}{c^2} + \dfrac{y^2}{(1-c)^2} - 1 = 0$.

Es gibt noch eine andere Methode zur Aufsuchung der singulären Lösung; sie hat den Vorzug, daß man das allgemeine Integral der vorgelegten Differentialgleichung gar nicht nötig hat. Zu ihrem Verständnis braucht man einen einfachen Satz über die Doppelwurzeln algebraischer Gleichungen. Deren Normalform ist ja

$$f(x) = x^n + a x^{n-1} + b x^{n-2} + \cdots + k x + l = 0. \quad \text{(J. S. 65).}$$

Sind ihre Wurzeln α, β, $\gamma \cdots \varkappa$, λ, so kann man sie auch schreiben
$$f(x) = (x - \alpha)(x - \beta)(x - \gamma) \cdots (x - \varkappa)(x - \lambda) = 0.$$
α heißt eine Doppelwurzel, wenn $\beta = \alpha$ ist, also
$$f(x) = (x - \alpha)^2(x - \gamma) \cdots (x - \varkappa)(x - \lambda) = 0.$$
Hierfür kann man schreiben $f(x) = (x - \alpha)^2 \cdot \varphi(x) = 0$, wenn man
unter $\varphi(x)$ das Produkt $(x - \gamma) \cdots (x - \varkappa)(x - \lambda)$ versteht. Es ist
dann $\qquad f'(x) = 2(x - \alpha)\varphi(x) + (x - \alpha)^2 \varphi'(x).$
Setzt man $x = \alpha$, so verschwindet jeder der beiden Summanden, also
auch $f'(x)$. Das Kennzeichen einer Doppelwurzel α der Gleichung
$f(x) = 0$ ist also, daß für α nicht nur die Funktion selbst, sondern
auch ihre Ableitung gleich Null wird. Wenn z. B. $x^3 - 3x^2 + 4 = 0$
eine Doppelwurzel haben soll, so muß auch gleichzeitig $3x^2 - 6x$
verschwinden. Der zweite Ausdruck hat die Wurzeln 0 und 2, der
erste verschwindet nicht für $x = 0$, wohl aber für $x = 2$, dies ist also
die gesuchte Doppelwurzel; es ist
$$f(x) = x^3 - 3x^2 + 4 = (x - 2)^2(x + 1) = 0.$$
Die singuläre Löfung einer Differentialgleichung $F(x, y, y') = 0$
ist, wie wir wiffen, die Enveloppe der Kurvenschar, welche durch die allgemeine Löfung $\varphi(x, y, c) = 0$ definiert wird. Zwei benachbarte
Kurven, welche dem Wert c und dem wenig von diesem verschiedenen Wert c_1 entsprechen, müffen sich schneiden (auch wenn im Grenzfall $c_1 - c = 0$ wird), sonst kann von einer Enveloppe keine Rede sein.
Zwei Kurven schneiden sich im allgemeinen unter einem gewiffen
Winkel, der durch die Richtungen ihrer Tangenten im Schnittpunkte
(x, y) gegeben ist (Fig. 11). Hat also für jeden Wert x, y die Ableitung y' nur einen ganz bestimmten Wert, so schneiden sich die
Kurven nicht (Beispiel: konzentrische Kreise); es muß für den Schnittpunkt x, y die Ableitung also eine Doppel-
oder mehrfache Wurzel sein; d. h. es kann die
urfprüngliche Differentialgleichung in die Form
gebracht werden $(y' - u)(y' - v)(y' - w) \cdots$
$(y' - z) = 0$, worin u, v, $w \cdots$ Funktionen
von x und y find. Damit aber eine Enveloppe
exiftiert, müffen die Tangenten im Schnittpunkte
zusammenfallen. Es sei etwa $u = v$, also hat
unfere Differentialgleichung $F(x, y, y')$ die Form
$(y' - u)^2(y' - w) \cdots (y' - z) = 0$, sie besitzt
für x, y die Doppelwurzel $y' = u$.

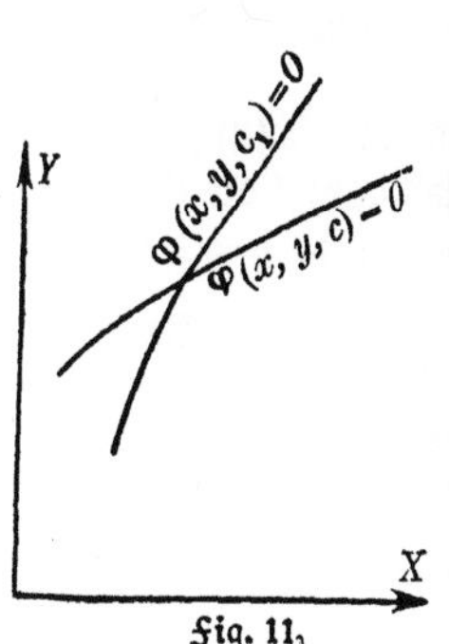

Fig. 11.

Nach unſerem Hilfsſatz muß daher für das betreffende Wertepaar nicht nur $F(x, y, y') = 0$ ſein, ſondern auch der Ausdruck, den man hieraus durch partielle Differentiation nach y' erhält; für die Enveloppe gilt gleichzeitig (a) $F(x, y, y') = 0$ und (b) $\dfrac{\partial F(x, y, y')}{\partial y'} = 0$.

Die Differentiation iſt dabei natürlich ſo auszuführen, als ob y' gar nichts mit x und y zu tun hätte, das iſt ja die Bedeutung der partiellen Differentiation.

Man kann jetzt etwa aus (a) die Größe y' beſtimmen und ſie in (b) einſetzen, dann erhält man eine Gleichung (ohne Differentialquotienten), die für die Punkte der Enveloppe gilt, und unſer Ziel iſt erreicht. Selbſtverſtändlich kann man die Elimination von y' auch auf irgend einem andern Wege vornehmen.

Als Beiſpiel hatten wir vorher (S. 37). $F = y - x y' + m (y')^2 = 0$. Hier iſt $\dfrac{\partial F}{\partial y'} = -x + 2my'$, alſo $y' = \dfrac{x}{2m}$. Dieſer Wert gibt, in die gegebene Differentialgleichung eingeſetzt, (wie oben) $y - \dfrac{x^2}{4m} = 0$.

Bei konzentriſchen Kreiſen iſt $x^2 + y^2 = r^2$, alſo lautet ihre Differentialgleichung $y' = -\dfrac{x}{y}$. Da zu jedem Wertepaar x, y e i n völlig beſtimmter Wert y' gehört, ſo iſt keine Enveloppe möglich.

Verſucht man unſer zweites Verfahren anzuwenden, ſo liefert die Gleichung $\dfrac{\partial F}{\partial y'} = 0$ als Forderung für die Exiſtenz der Enveloppe $1 = 0$. Eine bündigere Form der Ablehnung kann man ſich kaum vorſtellen.

Beiſpiel 25. Es ſoll. die allgemeine und die ſinguläre Löſung der Differentialgleichung $y - x y' = -\dfrac{l y'}{\sqrt{1 + (y')^2}}$ gefunden werden.

Wäre $l = 0$, ſo würde man $y = cx$ als allgemeine Löſung finden. Das legt die Vermutung nahe, daß auch bei beliebigem l die Größe y eine ähnliche Struktur zeigt. Wir ſetzen verſuchsweiſe $y = cx + d$, dann iſt nach der Differentialgleichung $y - c x = -\dfrac{l c}{\sqrt{1 + c^2}}$. Der Verſuch iſt geglückt. Zur Vereinfachung kann man $c = -\operatorname{tg} \varphi$ ſetzen, dann wird $y = -x \operatorname{tg} \varphi + l \sin \varphi$. Nach Aufgabe 5 hat die Enveloppe dieſer Geradenſchar die Gleichung $x^{\frac{2}{3}} + y^{\frac{2}{3}} = l^{\frac{2}{3}}$.

Das zweite Verfahren $\left(F = 0,\ \dfrac{\partial F}{\partial y'} = 0\right)$ liefert die Gleichungen

(a) $$y - xy' = -\frac{l\,y'}{\sqrt{1 + (y')^2}};$$

(b) $$-x = -l \cdot \frac{\sqrt{1 + (y')^2} - \dfrac{y'}{\sqrt{1 + (y')^2}} \cdot y'}{1 + (y')^2}.$$

Durch Umformung erhält man

(b) $$x = \frac{l\,[1 + (y')^2] - (y')^2]}{[1 + (y')^2]^{\frac{3}{2}}} = \frac{l}{[1 + (y')^2]^{\frac{3}{2}}}\quad \text{oder}$$

(b) $$\frac{1}{\sqrt{1 + (y')^2}} = \sqrt[3]{\frac{x}{l}};\quad 1 + (y')^2 = \frac{l^{\frac{2}{3}}}{x^{\frac{2}{3}}}.$$

(c) $$(y')^2 = \frac{l^{\frac{2}{3}} - x^{\frac{2}{3}}}{x^{\frac{2}{3}}}.$$

Setzt man (b) in (a) ein, so ergibt sich $y - xy' = -l^{\frac{2}{3}}\,x^{\frac{1}{3}}\,y'$ oder

$$y' = \frac{y}{x - l^{\frac{2}{3}} x^{\frac{1}{3}}} = \frac{y}{-x^{\frac{1}{3}}\left(l^{\frac{2}{3}} - x^{\frac{2}{3}}\right)},$$

(d) $$(y')^2 = \frac{y^2}{x^{\frac{2}{3}}\left(l^{\frac{2}{3}} - x^{\frac{2}{3}}\right)^2}.$$ Die Elimination von y' geschieht,

indem man (c) mit (d) vergleicht $\dfrac{l^{\frac{2}{3}} - x^{\frac{2}{3}}}{x^{\frac{2}{3}}} = \dfrac{y^2}{x^{\frac{2}{3}}\left(l^{\frac{2}{3}} - x^{\frac{2}{3}}\right)^2}.$ Jetzt ist

$\left(l^{\frac{2}{3}} - x^{\frac{2}{3}}\right)^3 = y^2$, also $x^{\frac{2}{3}} + y^{\frac{2}{3}} = l^{\frac{2}{3}}$ (vgl. Aufg. 81).

Aufgaben.

83. Es soll die allgemeine und die singuläre Lösung der Differentialgleichung $yy'\left(\dfrac{y^2}{x} - yy'\right) = a^2$ gefunden werden.

84. Wie heißt die singuläre Lösung der Gleichung

$$x - \frac{y}{y'} - \sqrt{-\frac{1}{y'}} = 0\,?$$

85. $y^2\,(y')^2 + xyy' + \dfrac{x^2 + y^2 - 1}{2} = 0.$

86. $m\,(x + yy') = y^2\,[1 + (y')^2].$

In einigen Fällen kann man voraussagen, daß das Aufsuchen einer singulären Lösung ein nutzloses Beginnen ist.

Fehlt in einer Differentialgleichung erster Ordnung die Größe y, so hat sie die Form $F(x, y') = 0$. Hieraus kann man y' als Funktion von x bestimmen; es ergebe sich $y' = f(x)$. Die Integration gibt dann y als Funktion von x; $y = \varphi(x) + c$. Die Differentiation nach dem Parameter c würde die widersinnige Gleichung $0 = 1$ zutage fördern; in der Tat kann ein System von Parallelkurven keine Enveloppe haben.

Bei der linearen Gleichung $y' + y X_1 + X = 0$ (S. 15) ist für jeden Punkt x, y die Größe y' völlig eindeutig bestimmt, auch dieser Typ hat keine singuläre Lösung.

IV. Graphische Näherungsmethoden.

Die bisherigen Methoden gestatteten uns, gewisse Klassen von Differentialgleichungen anzugeben, die sich „exakt" behandeln lassen, in denen y als mathematisch genau definierte Funktion von x gefunden wird. Ebenso wie in der Integralrechnung solche genauen, aber etwas engherzigen Verfahren bisweilen versagen, so ist es in noch höherem Maße bei den Differentialgleichungen. Dort wandten wir Näherungsverfahren an, die mit dem Vorteil der allgemeinen Anwendbarkeit auch noch den der geometrischen Anschaulichkeit verbanden; hier soll es ebenso sein. Gehen wir zunächst auf das Problem der Integralrechnung zurück!

Wir beschäftigen uns zunächst mit der **graphischen Integration**; d. h. wir suchen den Wert des Integrals $\int_a^b f(x)\, dx$ durch Zeichnung zu finden. Das folgende Beispiel soll seiner hervorragenden physikalisch-technischen Bedeutung wegen etwas ausführlicher behandelt werden, als hier unbedingt nötig wäre.

Beispiel 26. Diskussion der Planckschen Energiegleichung.

Die genauere Bedeutung des Begriffs „schwarzer Körper" möge in physikalischen Lehrbüchern nachgesehen werden.[1] Hier sei nur bemerkt, daß er nicht dunkel im gewöhnlichen Sinne zu sein braucht, sondern durch intensive Strahlung unserm Auge sogar sehr hell erscheinen kann. Auch die Sonne kann mit großer Annäherung als „schwarzer" Körper im Sinne der modernen Physik aufgefaßt werden.

---

1) Vgl. z. B. Scheiner, Populäre Astrophysik.

Zerlegt man durch ein Prisma die Strahlung eines schwarzen Körpers, so erhält man ein kontinuierliches Spektrum. In diesem Farbenband ordnen sich die Lichtarten nach ihrer Wellenlänge. Die durch ein Bolometer zu messende Intensität ist aber nicht für alle Farben gleich groß, sondern der Streifen, welcher zwischen den Wellenlängen λ und $\lambda + d\lambda$ liegt, erhält nach Planck die Energiemenge

$$dS = J\,d\lambda = \frac{C}{\lambda^5\,(e^{c/\lambda T} - 1)}\,d\lambda.$$

Darin ist T die absolute Temperatur (Celsiustemperatur $+ 273^0$), $c = 14\,600$, wenn die Wellenlänge in Mikron ($^1/_{1000}$ mm) gemessen wird, und C eine Konstante, welche durch die Versuchsbedingungen gegeben ist. Fig. 12 stellt die Abhängigkeit zwischen J und λ dar für $C = 1$, $T = 6500$ (Sonnentemperatur). Die Gesamtstrahlung des schwarzen Körpers wird durch Lichtarten aller Wellenlängen hervorgebracht, sie ist also

$$S = \int_0^\infty J\,d\lambda = \int_0^\infty \frac{C}{\lambda^5\,(e^{c/\lambda T} - 1)}\,d\lambda.$$

Will man die Strahlung nur für das Gebiet haben, welches den Wellenlängen λ_1 bis λ_2 entspricht, so hat das Integral diese Grenzen statt 0 und ∞.

Zur Berechnung von S setzen wir (T sei konstant) $c/\lambda T = x$, also $\lambda = \dfrac{c}{Tx}$; $d\lambda = -\dfrac{c\,dx}{Tx^2}$. Dann wird $S = \dfrac{CT^4}{c^4}\displaystyle\int_0^\infty \dfrac{x^3\,dx}{e^x - 1}$. Der Wert des Integrals ist eine Konstante, die wir A_1 nennen und später ermitteln wollen; es sei ferner $\dfrac{CA_1}{c^4}$ gleich der Konstanten σ gesetzt, dann ist $S = \sigma T^4$. Die Gesamtstrahlung eines schwarzen Körpers ist also der vierten Potenz seiner absoluten Temperatur proportional; steigert man die absolute Temperatur einer Bogenlampe auf das Doppelte, so wird sie nicht doppelt, sondern 16 mal so hell leuchten.

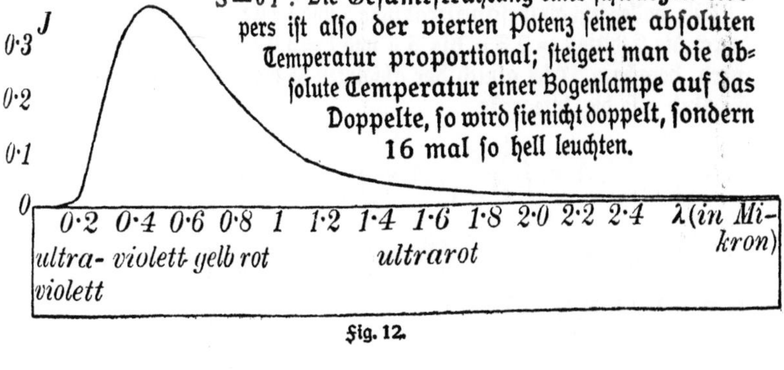

Fig. 12.

Es werde beiläufig untersucht, für welche Wellenlänge bei einem gegebenen Werte von T die Strahlung maximal ist. Dann muß $\lambda^5 (e^{c/\lambda T} - 1)$ ein Minimum sein, also $5 \lambda^4 (e^{c/\lambda T} - 1) - \dfrac{c}{\lambda^2 T} e^{c/\lambda T} \cdot \lambda^5 = 0$, woraus sich leicht ergibt $e^{c/\lambda T} (5 - c/\lambda T) = 5$. Wir setzen $c/\lambda T = u$ und finden $e^u (5 - u) = 5$; hieraus erhält man durch Näherungsmethoden, die in der „Differentialrechnung" dargelegt wurden, $u = 4{,}965$; $\lambda T = \dfrac{c}{u}$, $\lambda T = 2940{,}5$ (Wiensches Verschiebungsgesetz). Man sieht, daß mit wachsender Temperatur der Wert von λ, welcher der Maximalstrahlung entspricht, kleiner werden muß, entsprechend der Tatsache, daß glühende Körper von geringer Temperatur vorzugsweise rotes Licht (große Wellenlänge!) aussenden, bei höherer gelbes uff. Bogenlampen von sehr hoher Temperatur würden also unser Auge durch die vielen violetten Strahlen bald belästigen, ja schädigen. Hat man etwa festgestellt, daß ein glühender Körper das Maximum seiner Energie bei $\lambda = 0{,}589$ (Wellenlänge der gelben Natriumlinie $= 0{,}000\,589$ mm) hat, so folgt daraus, daß seine Temperatur $T = \dfrac{2940{,}5}{0{,}589} = 4992 = 4719^0\,\mathrm{C}$ ist.

Setzt man in den Ausdruck für J den eben ermittelten Wert $\lambda = \dfrac{c}{u\,T}$ ein, so ergibt sich als Betrag der Maximalstrahlung $J_{max} = \dfrac{C\,u^5\,T^5}{c^5\,(e^u - 1)}$. Da aber $e^u = \dfrac{5}{5 - u}$, also $e^u - 1 = \dfrac{u}{5 - u}$ ist, so wird $J_{max} = \dfrac{C\,T^5\,u^4\,(5 - u)}{c^5}$. Hier ist alles außer T konstant, also $J_{max} = k\,T^5$; die Maximalstrahlung ist sogar der fünften Potenz der absoluten Temperatur proportional.

Wir wollen jetzt die Gesamtstrahlung S und die Teilstrahlung, welche durch die Gebiete $\lambda = 2{,}3\,\mu$ bis $3\,\mu$ und $\lambda = 3{,}9\,\mu$ bis $4{,}7\,\mu$ begrenzt wird, berechnen. T sei gleich der absoluten Sonnentemperatur 6500. Es sind also die Integrale

$$A_1 = \int_0^\infty \frac{x^3\,dx}{e^x - 1}, \quad A_2 = \int_{x_0}^{x_1} \frac{x^3\,dx}{e^x - 1}, \quad A_3 = \int_{x_2}^{x_3} \frac{x^3\,dx}{e^x - 1} \text{ zu finden. Da } x = c/\lambda T$$

$= \dfrac{2{,}246}{\lambda}$ ist, so wird $x_0 = \dfrac{2{,}246}{3} = 0{,}7487$; $x_1 = \dfrac{2{,}246}{2{,}3} = 0{,}9766$; $x_2 = 0{,}4779$; $x_3 = 0{,}5759$.

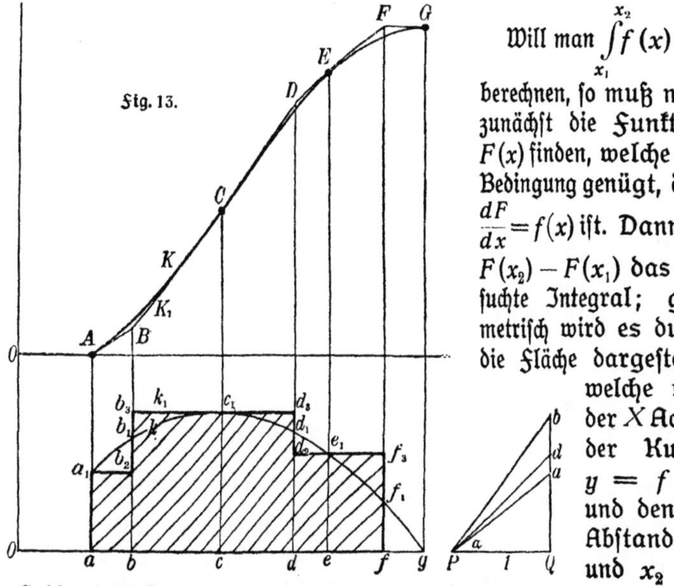

Will man $\int\limits_{x_1}^{x_2} f(x)\,dx$

berechnen, ſo muß man zunächſt die Funktion $F(x)$ finden, welche der Bedingung genügt, daß $\dfrac{dF}{dx} = f(x)$ iſt. Dann iſt $F(x_2) - F(x_1)$ das ge= ſuchte Integral; geo= metriſch wird es durch die Fläche dargeſtellt, welche von der X Achſe, der Kurve $y = f(x)$ und den im Abſtande x_1 und x_2 zur

Ordinatenachſe gezogenen Parallelen begrenzt wird.

$y = f(x)$ ſei durch die Kurve $k = a_1\,b_1\,c_1\,d_1\,e_1\,f_1\,g$ (Fig. 13) dar= geſtellt; wir ſuchen ihre Integralkurve $y = F(x)$, welche K benannt und in das obere Achſenkreuz eingezeichnet werden möge, um Ver= wechſelungen mit der gegebenen Kurve zu vermeiden. Jede ihrer Ordi= naten iſt dann gleich dem bis zu dieſer Ordinate reichenden Flächen= inhalt, der von k begrenzt wird.

Wir erſetzen k jetzt durch eine Fig. k_1, welche durch einen treppen= förmig geſtalteten Linienzug $a\,a_1\,b_2\,b_3\,c_1\,d_3\,d_2\,f_3\,f\,a$ begrenzt wird, alſo leicht in Rechtecke zerlegt werden kann. Man erreicht dies, indem man durch den Anfangspunkt a_1, den Endpunkt g und den höchſten Punkt c_1 der Kurve k Parallelen zur X Achſe zieht und zwiſchen dieſen nach Bedarf weitere Parallelen. In der linken Hälfte der Figur wurde davon abgeſehen, rechts wurde in willkürlichem Abſtande von den Grenzgeraden $d_2\,f_3$ eingefügt.

Jetzt zieht man die Ordinate $b\,b_3$ nach Augenmaß ſo, daß die links und rechts von ihr liegenden „Dreiecke" $a_1\,b_2\,b_1$ und $b_1\,b_3\,c_1$ möglichſt flächengleich ſind. Dann iſt $a\,c\,c_1\,b_1\,a_1\,a = a\,c\,c_1\,b_3\,b_2\,a_1\,a$. Die zweite Fläche hat das ſchraffierte Dreieck $b_1\,c_1\,b_3$ zu viel, aber das nicht schraffierte $a_1 b_2 b_1$ zu wenig. Auf der rechten Seite muß man, weil eine Hilfsparallele vorhanden ist, auch eine Ordinate mehr einzeichnen, man konstruiert $d d_2$ und $f f_2$ so, daß das anliegende schraffierte Dreieck gleich dem auf der andern Seite anstoßenden nicht schraffierten ist. Man erkennt jetzt sofort, daß die gesamte schraffierte Fläche gleich der zu berechnenden, also gleich $\int_{x_1}^{x_2} f(x)\, dx$ ist. Statt aber die einzelnen Rechtecke zu berechnen und zu summieren, konstruiert man ein Polygon, welches die Integralkurve K_1 der Hilfsfläche k_1 ist.

Dazu nimmt man irgendwo auf der XAchse (zweckmäßig außerhalb der Figur) den Pol P an, trägt von ihm aus nach rechts das Stück PQ gleich der Einheit ab und errichtet im Endpunkte die Senkrechte. Ihre Länge sei zunächst gleich der vertikalen Seite des ersten Rechtecks $a a_1$. Man erhält so den Winkel α, definiert durch die Beziehung $\operatorname{tg} \alpha = \dfrac{a a_1}{1} = a a_1$. Durch A zieht man die Parallele zu dem freien Schenkel von α. Dann haben wir die Anfangstangente der Integralkurve K_1, welche zu der schraffierten Fläche gehört, denn die Tangensfunktion des Steigungswinkels ist gleich der zugehörigen Ordinate von k_1. Da diese Ordinate sich nicht ändert, wenn x von a bis b wandert, so bleibt auch der Steigungswinkel der Integralkurve konstant, mithin ist deren erstes Stück eine Gerade. Ihre Endpunkte werden erhalten, wenn man in a und b Senkrechte errichtet. In der Tat ist deren Endordinate gleich $a b \operatorname{tg} \alpha$ (wie aus dem oberen kleinen Dreieck hervorgeht) und da $\operatorname{tg} \alpha$ nach Konstruktion gleich $a a_1$ ist, so erhält man $a b \cdot a a_1$, und das ist gerade der Inhalt des ersten Rechtecks.

Jetzt trägt man in die Polfigur die Senkrechte $b b_2$ ein. Die Parallele zu ihr durch den zuletzt erhaltenen Punkt der Integralkurve gibt deren Fortsetzung; sie reicht bis zur Abszisse $O d$. Fährt man so fort, so erkennt man, daß K_1 ein leicht zu konstruierender Zug von Geraden ist, nämlich $A B D F G$.

Es ist klar, daß dieser Linienzug K_1 sich um so mehr der Integralkurve K annähert, je größer die Zahl der Stücke ist, in welche man k zerlegt. Die Zeichnung der Integralkurve wird aber noch dadurch erleichtert, daß man auf K_1 gewisse Punkte angeben kann, die auch gleichzeitig K angehören. Die durch einen derartigen Punkt gehende Gerade von K_1 ist gleichzeitig Tangente an K.

Der Beweis ist leicht geführt. Zur Abszisse x möge bei k die Ordinate y, bei k_1 die Ordinate y_1, bei K die Ordinate Y, bei K_1 die Ordinate Y_1 gehören. Die Abszisse von a sei x_a, die von b x_b usf. Da bei a sowohl k wie k_1 beginnt, so ist die zugehörige Fläche bei k und k_1 gleich 0, also $Y = Y_1 = 0$ (Punkt A). Es ist $Y' = a\,a_1$ und ebenso $Y_1' = a\,a_1$ nach der Definition der beiden Integralkurven. Diese selbst, sowie ihre Tangenten fallen für $x = x_a$ zusammen; d. h. AB ist die Anfangstangente von K.

Für x_c ist die Fläche $a\,c\,c_1\,b_1\,a_1$ nach Konstruktion gleich $a\,c\,c_1\,b_3\,b_2\,a_1$, also muß auch für diese Abszisse $Y = Y_1$ sein. Da die Endordinaten von k und k_1 gleich sind $(c\,c_1)$ und jede von ihnen gleich dem Steigungsmaß der zugehörigen Integralkurve (Y' und Y_1') ist, so haben K und K_1 auch hier eine gemeinsame Tangente. Dieselbe Überlegung kann man auch für den Endpunkt g und jeden Schnittpunkt der Kurve k mit einem wagerechten Stück von k_1 anstellen. Jede Gerade des Linienzuges K_1 ist also eine Tangente an K; den Berührungspunkt kann man nach der eben angegebenen Regel leicht finden. Jetzt läßt sich K mit großer Genauigkeit zeichnen.

Wenden wir unser Verfahren auf unser Integral (S. 43) $\int\limits_{0}^{\infty}\dfrac{x^3\,dx}{e^x-1}$ an (Fig. 14), so finden wir durch Zeichnung den Wert 6,5; der genaue Wert ist, wie man durch Näherungsmethoden (z. B. die Simpsonsche

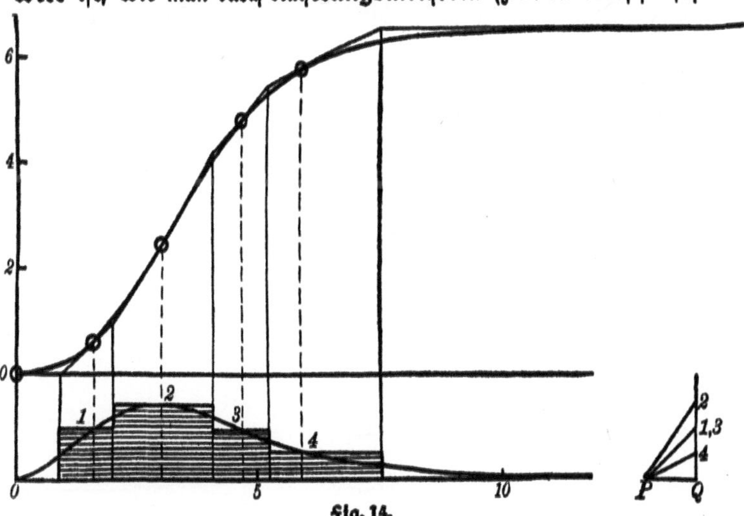

Fig. 14.

Regel, J. S. 76 und 81) leicht beſtätigt, 6,4939····. [Für $x = 0$ erſcheint $\dfrac{x^3}{\quad -1}$ in der unbeſtimmten Form $\dfrac{0}{0}$; es iſt aber $e^x - 1 = x + \dfrac{x^2}{2} + \cdots$;

$$\frac{x^3}{e^x - 1} = \frac{x^2}{1 + \dfrac{x}{2} + \cdots}, \text{ alſo iſt für } x = 0 \text{ der wahre Wert des Bruches } 0.]$$

In Fig. 15 iſt dieſelbe Aufgabe etwas anders gelöſt. Entbehrliche Hilfslinien ſind fortgelaſſen. Die gegebene Kurve und die Integralkurve ſind auf dasſelbe Achſenſyſtem bezogen, um Platz zu ſparen. Es ſind mehr Parallelen gezeichnet, wodurch man mehr Punkte und Tangenten der Integralkurve erhält. Endlich iſt der Maßſtab verändert. Die Ordinaten wurden nämlich in doppelter Größe aufgetragen. Dadurch können die Schnittpunkte von k mit den Parallelengenauer beſtimmt werden. Wäre nur dieſe Änderung getroffen worden, ſo müßte man die Endordinate der Integralkurve durch 2 teilen, um den wahren Wert der Fläche zu erhalten. Es iſt aber gleichzeitig bei der Polfigur die Einheit dreimal ſo groß angenommen worden wie bisher. Dadurch wird Platz geſpart, es wird jede Ordinate der Integralkurve dreimal ſo klein wie vorher. Wäre dieſe Änderung allein erfolgt, ſo müßte man jede Ordinate mit 3 multiplizieren. Bei Berückſichtigung beider Änderungen muß alſo jede abgeleſene Größe Y durch Multiplikation mit $\frac{3}{2}$ auf den richtigen Wert reduziert werden. Für die Schlußordinate liefert die Fig. 15 den Wert 4,4; der wahre Wert iſt daher 6,6.

Es iſt zu beachten, daß die Genauigkeit hier inſofern größer iſt, als die Integralkurve aus mehr Punkten und Tangenten als vorher konſtruiert werden muß. Anderſeits ſind mehr Hilfslinien nötig, ſo daß die kleinen Zeichenfehler ſich ſummieren können. Der endgültige Fehler wird bei der Multiplikation der Ordinate mit 1,5 noch um 50 % erhöht.

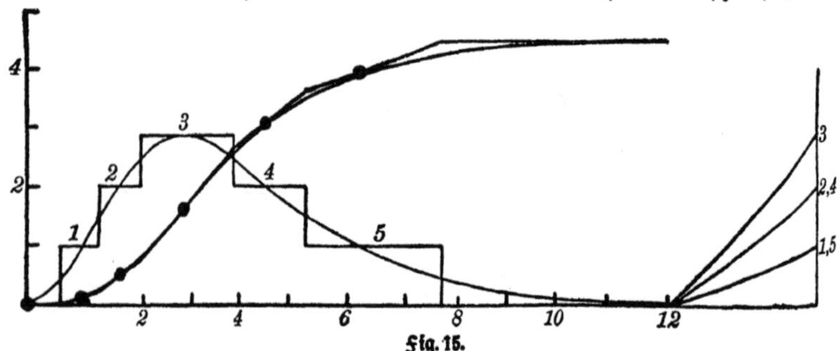

Fig. 15.

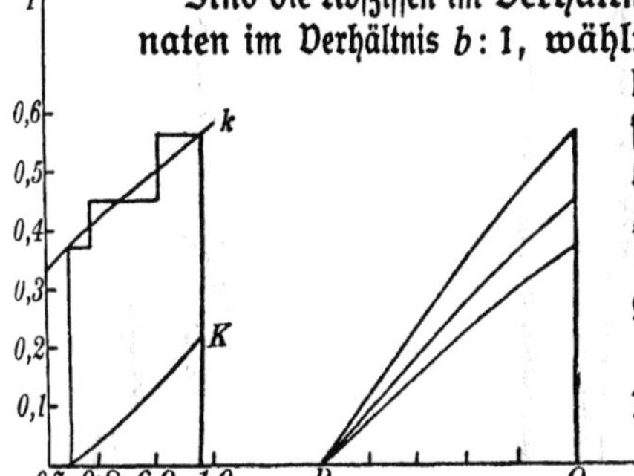

Fig. 16.

Sind die Abszissen im Verhältnis $a:1$ vergrößert, die Ordinaten im Verhältnis $b:1$, wählt man ferner als Horizontallinie der Polfigur nicht 1, sondern c, so hat man an der Ablesung Y den Reduktionsfaktor $\frac{c}{ab}$ anzubringen; das gesuchte Integral ist $\frac{c}{ab}Y$.

Will man etwa $A_2 = \int\limits_{0,7487}^{0,9766} \frac{x^3\,dx}{e^x-1}$ berechnen (Fig. 16), so ist es zweckmäßig, für eine Einheit der Größe J 10 cm zu wählen, ebenso für eine λ-Einheit. Macht man die Polstrecke $PQ = 5$ cm und liest stets cm ab, so ist $a = 10$, $b = 10$, $c = 5$, also der Reduktionsfaktor $\frac{1}{20}$. Als Endordinate der Integralkurve findet man 2,16 cm, daher ist das gesuchte Integral $A_2 = 0,108$. Für A_3 (Grenzen 0,4779 und 0,5759) ergibt sich 0,021.

Die Strahlungsenergie, welche zwischen $\lambda = 2,3$ und $\lambda = 3$, sowie zwischen $\lambda = 3,9$ und $\lambda = 4,7$ liegt, wird von der Kohlensäure der Erdatmosphäre absorbiert. Die gesamte Sonnenstrahlung ist $\frac{T^4}{c^4}A_1$, wobei $T = 6500$ und $c = 14600$ ist; der absorbierte Teil ist $\frac{T^4}{c^4}(A_2 + A_3)$.

Es gehen von der Sonnenstrahlung durch die Kohlensäure der Luft $100 \cdot \frac{A_2 + A_3}{A_1} = 2\%$ verloren.

Nimmt man $T = 2000^\circ$ (Temperatur des schmelzenden Platins), so ist die spektrale Energieverteilung aus Fig. 17 ersichtlich. Wegen der ganz abweichenden Verhältnisse mußten die Maßstäbe der Achsen geändert werden, so daß sie nicht unmittelbar mit Fig. 12 vergleichbar ist. Das Maximum der Energiestrahlung, welches dort bei $\lambda = 0,45$ lag, ist hier nach $\lambda = 1,47$ verschoben, es liegt

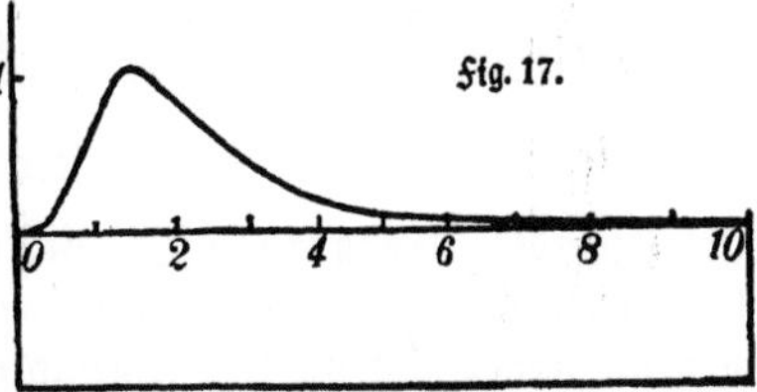

also im Ultrarot. Die Gesamtenergie ist hier $S = \left(\frac{2000}{14600}\right)^4 \cdot A_1 =$ $= 0,002287$, während sie dort $0,2550$ war, $\left(\frac{6500}{2000}\right)^4 = 111,6$ mal so groß. Die durch die Kohlensäure absorbierte Energie ist hier

$$S = \left(\frac{2000}{14600}\right)^4 \int_{\xi_0}^{\xi_1} \frac{x^3\,dx}{e^x - 1} \text{ und } \left(\frac{2000}{14600}\right)^4 \int_{\xi_2}^{\xi_3} \frac{x^3\,dx}{e^x - 1}.$$ Das erste Integral sei B_2,

das zweite B_3. Obwohl die Wellenlängen dieselben sind, wie bei der Sonnenstrahlung, sind $\xi_0, \xi_1, \xi_2, \xi_3$ von x_0, x_1, x_2, x_3 verschieden, denn es ist x (oder $\xi) = \frac{c}{\lambda T}$ und T hat hier einen anderen Wert. Man erhält

$$\xi_0 = \frac{14600}{3 \cdot 2000} = 2,433; \; \xi_1 = \frac{14600}{2,3 \cdot 2000} = 3,174; \; \xi_2 = 1,553, \; \xi_3 = 1,872.$$

Dann wird $B_2 = 1,046$, $B_3 = 0,351$. Die absorbierte Strahlung ist hier $100 \cdot \frac{B_2 + B_3}{A_1} = 21,5\,\%$. Sie läßt sich durch Laboratoriumsversuche erfahrungsgemäß feststellen; dadurch kann man die begrenzenden Wellenlängen finden und, ist dies geschehen, die vorher angestellten Überlegungen über die Absorption der Sonnenstrahlung anstellen.

Aufgaben.

87. Es soll die Wellenlänge ermittelt werden, welche das Spektrum in zwei gleichstark bestrahlte Gebiete zerlegt.

88. Man zeichne die Energiekurve für verschiedene Temperaturen (die man zunächst in a b s o l u t e Temperaturen umrechnen muß) und vergleiche sie mit den Abbildungen physikalischer Lehrbücher (z. B. Lommel).

89. Wo liegt das Maximum der Strahlung für 540^0 (dunkle Rotglut), 700^0 (helle Rotglut), 1200^0 (Weißglut), 1350^0 (Schmelzpunkt des Stahls), 3600^0 (Bogenlampe)?

90. Ein neuerer Wert der Naturkonstanten c ist 14200. Wie ändern sich dadurch die bisher erhaltenen Ergebnisse?

Graphische Integration von Differentialgleichungen.

Beispiel 27. Es soll die Differentialgleichung $\frac{dy}{dx} = y$ graphisch gelöst werden. Die e x a k t e Lösung ist hier durch Trennung der Variabeln sehr leicht ausführbar; sie ergibt $y = e^{x+c}$; man kann sie benutzen, um die Genauigkeit unseres Verfahrens zu kontrollieren.

Wir wissen, daß die Lösung der vorgelegten Gleichung eine Kurvenschar sein muß; jede einzelne Kurve ist festgelegt, wenn man fordert, daß sie durch einen bestimmten Punkt gehen soll. Wir setzen willkürlich fest, daß der Anfangspunkt die Koordinaten $x = 0$, $y = 1$ haben soll. Für ihn ist nach der Differentialgleichung $y' = y = 1$; d. h. die Kurventangente steigt unter dem Winkel $\alpha = 45^0$ gegen die x=Achse an ($\operatorname{tg} 45^0 = 1$). Gehen wir auf ihr ein kleines Stückchen weiter, so entfernen wir uns nicht merklich von der gesuchten Kurve. Wir machen Halt und messen die neue Ordinate y. Sie liefert uns y' für das nächste Kurvenelement. Durch Wiederholung des Verfahrens können wir die gesuchte Linie beliebig weit verfolgen.

Es ist zweckmäßig, wenn wir als Werte von y die Größen 0; 0,5; 1; 1,5 usw. annehmen, damit uns im Verlauf der Zeichnung das Messen der Ordinaten (Fig. 18) erspart bleibt; wir zeichnen also gleich anfangs die Geradenschar $y = p$, indem wir dem Parameter p die eben genannten Werte beilegen.

Auch den Steigungswinkel können wir schneller durch Zeichnung, als durch Rechnung finden; wir legen uns nur eine Polfigur (S. 46) an.

Wir gehen also von dem Punkte $x = 0$, $y = 1$ aus. Da er auf der Geraden $p = 1$ liegt, so ziehen wir durch den Anfangspunkt die Parallele zu $P\,1$, bis die folgende Gerade, $p = 1,5$, geschnitten wird (Punkt II). Hier ziehen wir die Parallele zu $P\,1,5$ bis III; jetzt kommt die Parallele zu $P\,2$ an die Reihe usf.

Zur Prüfung zeichnen wir die genaue Kurve. Damit $y = e^{x} + c$ für die Werte $x = 0$, $y = 1$ gilt, muß $1 = e^{0 + c}$,

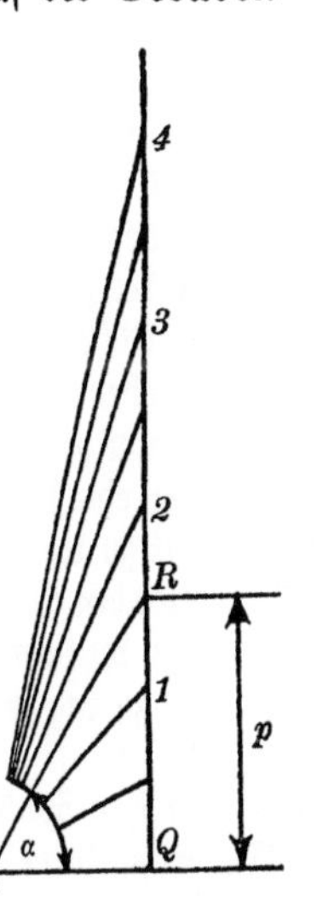

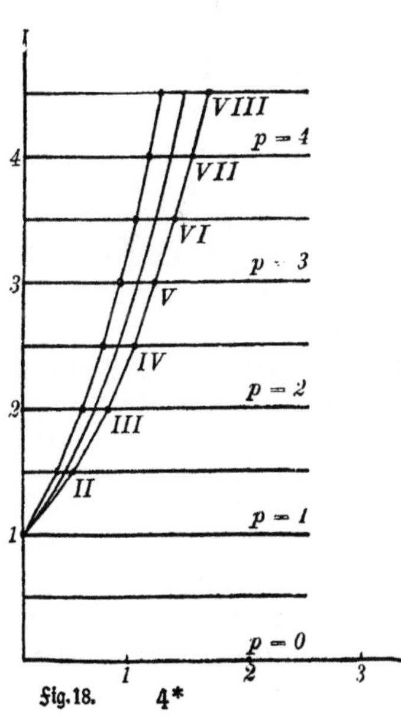

Fig. 18.   4*

also $c = 0$ sein; $y = e^x$. Der Vergleich lehrt, daß unser Linienzug schwächer als die richtige Kurve steigt. Da $y' = y$, so ist $y'' = y' = y$, d. h. unsere Kurve ist, weil y positiv ist, stets konkav. Wie Fig. 19 zeigt, ist in diesem Fall die mittlere Steigung der Kurve, d. h. die der Kurvensehne, größer als die der Anfangstangente und geringer als die der Endtangente. Man erhält also bei unserem Verfahren im vorliegenden Fall eine zu schwach ansteigende Linie; trägt man aber im Anfangspunkte ($p = 1$) die zu $p = 1,5$ gehörige Tangente an, im Schnittpunkt mit der Parallelen $p = 1,5$ die zu $p = 2$ gehörige, usf., so steigt der Linienzug zu stark; der wahre Verlauf der Kurve liegt zwischen den beiden Polygonen.

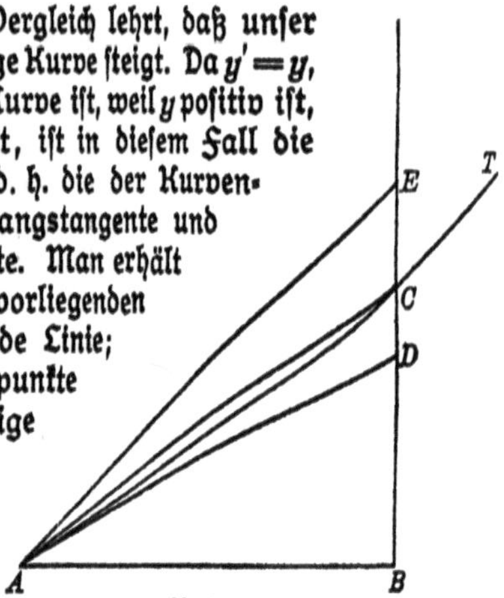

Fig. 19.

Im allgemeinen Falle löst man die vorgelegte Differentialgleichung nach y' auf, so daß sie die Form $y' = f(x, y)$ annimmt. Man zerlegt sie in zwei Gleichungen, nämlich (1) $y' = p$ und (2) $f(x, y) = p$. Die Gleichung (2) läßt sich geometrisch durch eine Kurvenschar darstellen (im Beispiel 27 erhielt man eine Schar von parallelen Geraden); gibt man p einen speziellen Wert, so greift man damit eine b e s t i m m t e Kurve heraus. Zeichnet man eine zweite Kurvenschar, welche die Lösung unserer Differentialgleichung darstellt, so wird sie jene Kurve in vielen Punkten schneiden. Da in den Schnittpunkten überall $p = f(x, y)$ ist und da p den Differentialquotienten jedes Gliedes der zweiten Kurvenschar für den Wert x, y darstellt, so kann man die Richtung der gesuchten Tangente mit Hilfe der oben angewandten Nebenkonstruktion (Dreieck PQR) finden. Das Verfahren ist daher genau dasselbe wie in Beispiel 27, nur daß statt der parallelen Geraden eine K u r v e n s c h a r auftritt.

Es braucht nicht besonders betont zu werden, daß die Werte für p nicht wie dort in gleichmäßigen Abständen aufeinander folgen müssen; entfernen sich die Kurven der Schar zu weit voneinander, so wird man Größen von p einschalten, rücken sie zu eng zusammen, so darf man Parameterwerte auslassen.

In der „Praktischen Analysis" von H. v. Sanden findet sich ein Verfahren zur Verbesserung der Näherungskurve.

Aufgaben.

91. Es ſoll die Kurve näherungsweiſe gezeichnet werden, welche der Differentialgleichung $y' = x + y$ genügt und von dem Punkte $x_0 = 0$, $y_0 = 0$ ausgeht. **92.** Man behandle ebenſo $y' = x + \frac{1}{2} y$; $x_0 = 0$; $y_0 = -3$.

93. Desgl. $y' = y - e^x$; $x_0 = 0$; $y_0 = 1$.

94. $y' = \dfrac{1}{\sqrt{x^2 + y^2}}$; $x_0 = 0{,}5$; $y_0 = 0$.

V. Numeriſche Näherungsmethoden.

A. Löſung durch Potenzreihen.

Oft läßt ſich die Funktion, welche einer gegebenen Differential-gleichung genügt, durch eine Potenzreihe $y = a + bx + cx^2 + ex^3 + fx^4 + \cdots$ darſtellen. Setzt man dieſen Wert von y in die Differentialgleichung ein, ſo muß deren linke Seite der rechten identiſch gleich werden, und das iſt nur möglich, wenn die entſprechenden konſtanten Koeffizienten links und rechts gleich ſind.

Als Beiſpiel diene Aufgabe 91. Hat y den eben genannten Wert, ſo iſt
$$y' = b + 2cx + 3ex^2 + 4fx^3 + \cdots. \quad \text{Anderſeits iſt}$$
$$x + y = a + (b + 1)x + cx^2 + ex^3 + \cdots. \quad \text{Hieraus folgt}$$
$$b = a; \quad 2c = b + 1; \quad 3e = c; \quad 4f = e \text{ uff. Man kann alle Grö-}$$
ßen durch a ausdrücken und erhält
$$b = a, \quad c = \frac{a+1}{1 \cdot 2}; \quad e = \frac{a+1}{1 \cdot 2 \cdot 3}; \quad f = \frac{a+1}{1 \cdot 2 \cdot 3 \cdot 4} \text{ uff., alſo}$$
$$y = a + ax + \frac{a+1}{2!} x^2 + \frac{a+1}{3!} x^3 + \frac{a+1}{4!} x^4 + \cdots$$
$$y = (a+1) + (a+1)x + \frac{a+1}{2!} x^2 + \frac{a+1}{3!} x^3 + \frac{a+1}{4!} x^4 + \cdots - x - 1$$
$$y = (a+1) e^x - x - 1 = k e^x - x - 1.$$
Man ſieht auch, warum a aus unſern Gleichungen nicht beſtimmt werden konnte; es iſt die willkürliche Integrationskonſtante.

Man behandle nach dem eben beſchriebenen Verfahren die Aufgaben

95. $\dfrac{dy}{dx} = \dfrac{y}{x}$. **96.** $y' + y = e^x$. **97.** $y' = -\dfrac{y}{x}$. **98.** $\dfrac{dv}{dt} = g - \dfrac{v}{\lambda^2}$

(Luftwiderſtand proportional der erſten Potenz der Geſchwindigkeit, vgl. Beiſpiel 8). Die Anfangsgeſchwindigkeit ſei 0. **99.** $\dfrac{dv}{dt} = g - \dfrac{v^2}{\lambda^2}$;

Anfangsbedingung wie vorher. **100.** $\frac{dv}{dt} = g - \frac{v^3}{\lambda^2}$, Anfangsbedingungen wie vorher. **101.** $y' = \frac{y}{x} + 1$. **102.** $yy' = \frac{1}{2}$.

Eine Modifikation des eben beschriebenen Verfahrens möge folgen. Ist y eine Reihe, die nach Potenzen von x fortschreitet — eine Annahme, die nicht immer zutrifft —, so gilt die Mac Laurinsche Formel

$$f(x) = f(0) + \frac{x}{1!} f'(0) + \frac{x^2}{2!} f''(0) + \frac{x^3}{3!} f'''(0) + \cdots.$$

Oft gelingt es, $f'(0)$, $f''(0)$ usf. aus der Differentialgleichung auf einfache Weise zu bilden.

In Aufgabe 96 ist z. B. $y' = e^x - y$. Hieraus folgt $y'' = e^x - y'$ $= e^x - (e^x - y) = y$. Dann ist aber $y''' = y' = e - y$; $y^{IV} = y'' = y$ usf. Setzen wir fest, daß für $x = 0$ die Größe y den Wert a annehme, so ist $f(0) = a$; $f'(0) = 1 - a$; $f''(0) = a$; $f'''(0) = 1 - a$; $f^{IV}(0) = a$ usf. Man erhält daher

$$y = a + \frac{(1-a)\,x}{1!} + \frac{ax^2}{2!} + \frac{(1-a)\,x^3}{3!} + \frac{ax^4}{4!} + \cdots$$

$$y = a\left(1 - \frac{x}{1!} + \frac{x^2}{2!} - \frac{x^3}{3!} \pm \cdots\right) + \frac{x}{1!} + \frac{x^3}{3!} + \frac{x^5}{5!} + \cdots$$

$$y = ae^{-x} + \operatorname{Sin} x.$$

Jede Differentialgleichung erster Ordnung läßt sich auf die Form $y' = \varphi(x, y)$ bringen, worin φ eine bekannte Funktion ist. Ist $y = a$ für den Wert $x = 0$ bekannt oder willkürlich gegeben, so läßt sich $y'_0 = \varphi(0, a)$ unmittelbar berechnen. Ferner ist $y'' = \frac{\partial \varphi}{\partial x} + \frac{\partial \varphi}{\partial y} \cdot y'$; $y'' = \frac{\partial \varphi}{\partial x} + \frac{\partial \varphi}{\partial y} \cdot \varphi(x, y)$; y'' ist wieder eine bekannte Funktion von x und y, die wir kurz mit $\psi(x, y)$ bezeichnen wollen; $y''_0 = \psi(0, a)$ ist berechenbar. $y''' = \frac{\partial \psi}{\partial x} + \frac{\partial \psi}{\partial y} \cdot y' = \frac{\partial \psi}{\partial x} + \frac{\partial \psi}{\partial y} \varphi(x, y)$ usf. Die Anwendbarkeit dieses scheinbar sehr allgemeinen Verfahrens scheitert aber oft daran, daß y nicht den vorausgesetzten einfachen Aufbau besitzt; es können Größen von der Form $\sqrt{x}, \frac{1}{x}, \ln x$ usw. auftreten, die eine Entwicklung der vorausgesetzten Art nicht gestatten. Auch ist meistens die Funktion $\varphi(x, y)$ so beschaffen, daß die Ausführung der Differentiationen recht unübersichtliche Funktionen gibt.

Aufgaben.

103. $y' = \dfrac{y}{x}$. **104.** $y' = ax + by$. **105.** $y' = -\dfrac{1}{2}\,\dfrac{y}{x}$.

B. Löſung durch die Simpſonſche Formel.

Iſt $\dfrac{dy}{dx} = \varphi(x,y)$, ſo iſt $y = \int \varphi(x,y)\,dx$.

Um dies Integral exakt ermitteln zu können, müßte man y als Funktion von x beſtimmen ($y = f(x)$) und den erhaltenen Rechen=ausdruck in $\varphi(x,y)$ einſetzen. Die Ermittlung von f iſt aber gerade unſere Aufgabe; das eben verſuchte Verfahren ſetzt ſchon die Kenntnis der exakten Löſung voraus. Damit iſt ſein Urteil geſprochen.

Ganz anders iſt es, wenn wir uns mit Näherungen begnügen wollen. Wir ſchreiben vor, daß zu $x = a$ der Wert $y = b$ gehöre. Ferner tragen wir auf der X Achſe vom Punkte $x = a$ aus ein kleines Intervall w wiederholt ab. (Fig. 20.) In jedem Teilpunkte (a; $a + w$; $a + 2w$ uſf.) errichten wir das Lot und machen es gleich y' (oder $\varphi(x,y)$). Die von der Anfangsordinate, welche zu $x = a$, und der Endordinate, welche zu $x = a + nw$ gehört, der Abziſſenachſe und dem die Endpunkte verbindenden Kurvenzuge begrenzte Fläche iſt

$$F = \int_{a}^{a+nw} \varphi(x,y)\,dx; \quad y = b + F;$$

können wir die Abhängigkeit, in der dieſe Fläche von der Abſziſſe ſteht, durch eine Formel wiedergeben, ſo iſt die Aufgabe exakt gelöſt, können wir ſie in einer Tabelle niederlegen, ſo haben wir **numeriſch** unſer Ziel erreicht. Das läßt ſich mit Hilfe der Simp=ſonſchen Regel angenähert mit beliebiger Genauigkeit durchführen.

Wir ſetzen voraus, daß y nicht nur für den Wert a, ſondern auch

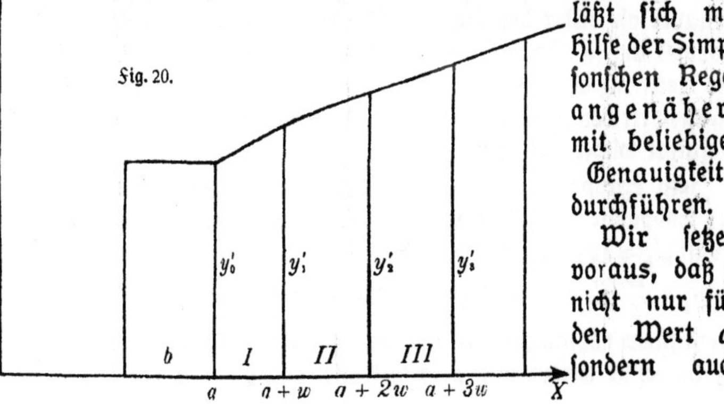

für den Nachbarwert $a + w$ bekannt sei. Im ersten Falle sei $y = b$, im zweiten $y = y_1$ $(= b + I)$. Man kann sich vorstellen, daß dies durch eins der bisherigen Verfahren erreicht sei. Man kennt dann die beiden ersten Ordinaten unserer Fläche, nämlich $y'_0 = \varphi\,(a, b)$ und $y'_1 = \varphi\,(a + w, y_1)$.

Für die dritte Ordinate, y'_2, suchen wir zunächst einen Näherungswert, indem wir annehmen, daß die drei Endpunkte in g e r a d e r Linie liegen, was bei engem Intervall nahezu richtig sein wird. Dann ist $y'_2 - y'_1 \approx y'_1 - y'_0$, also $y'_2 \approx 2 y'_1 - y'_0$. Jetzt läßt sich aber die zu der Endordinate y'_2 gehörige Fläche nach der Simpsonschen Regel berechnen; es ist

$$F = \int\limits_{a}^{a+2w} \varphi\,(x, y)\, dx \approx \frac{2w}{6}\,[y'_0 + y'_2 + 4 y'_1];$$

$$y_2 \approx b + \frac{w}{3}\,[y'_0 + y'_2 + 4 y'_1].$$

Die Formel würde genau sein, wenn die begrenzende Kurve vom dritten Grade in x wäre; dies wird zwar nicht exakt der Fall sein, aber die passende Wahl der in der Gleichung dieser Kurve auftretenden Koeffizienten wird es gestatten, sie viel besser der wahren Gestalt der Kurve anzupassen, als die starre Gerade, welche wir vorher, bei der „Extrapolation" zur Berechnung von y'_2 benutzten. Die Koeffizienten selbst brauchen wir gar nicht zu kennen, da die Inhaltsformel für jede Kurve dritten Grades gilt, welche durch die Endpunkte y'_0, y'_1, y'_2 geht.

Mit dem neuen Näherungswert von y_2 können wir $y'_2 = \varphi\,(a + 2w, y_2)$ genauer als bisher berechnen. Wenden wir wieder die Simpsonsche Formel an, so erhalten wir y_2 besser als vorher usf. Man bricht die Rechnung ab, wenn man bei einer neuen Näherung auf den Ausgangswert von y_2 oder y'_2 kommt, denn dann würde nur das vorige Resultat wieder erscheinen.

Jetzt extrapolieren wir y'_3, indem wir zunächst annehmen, daß die Endpunkte der Ordinaten y'_1, y'_2, y'_3 auf einer Geraden liegen. Es ist $y'_3 \approx 2 y'_2 - y'_1$ und $y_3 = b + I + II + III = (b + I) + (II + III)$ $\approx y_1 + \frac{w}{3}\,[y'_1 + y'_3 + 4 y'_2]$. Alle rechts auftretenden Größen sind wenigstens näherungsweise bekannt, so daß ein Näherungswert von y_3 berechnet werden kann; er gestattet uns, $y'_3 = \varphi\,(a + 3w, y_3)$

genauer als bisher zu finden. Mit ihm bestimmen
wir y_3 nach der Formel

$$y_3 = y_1 + \frac{w}{3}\,[y'_1 + y'_3 +$$

$4y'_2]$ schärfer uff. Auf diese
Weise kann man, von In-
tervall zu Intervall fort-
schreitend, die Werte von
y für jeden Wert von x festlegen, und zwar, wenn das

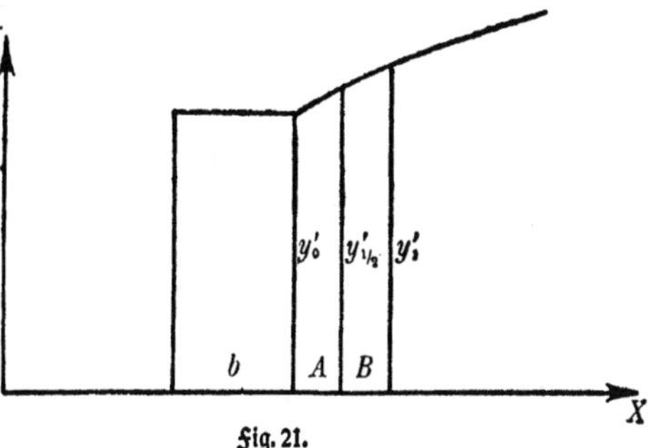

Fig. 21.

Intervall genügend eng ist, mit beliebig hoher Genauigkeit. Sucht
man, nachdem dies geschehen ist, y für einen Wert von x, der innerhalb eines Intervalles liegt, z. B. $x = a + 2{,}5\,w$, so kann man sich
durch Interpolation wie bei der Logarithmentafel helfen.

Das einzige Bedenken, welches noch geltend gemacht werden könnte,
ist, daß der Beginn der Rechnung ein anderes Verfahren (zur Ermittlung
von y_1) voraussetzt. Das ist aber nicht notwendig. (Fig. 21.) Man
braucht nur I in zwei Teilflächen A und B zu zerlegen, indem man
in $a + \frac{1}{2}w$ die Ordinate $y'_{\frac{1}{2}}$ zieht, und A als Trapez auffaßt. Nimmt
man in ganz roher Approximation $y'_{\frac{1}{2}} = y'_0$ an, so ist $y_{\frac{1}{2}} = b + \frac{w}{2} \cdot y'_0$.

Hieraus berechnet man genauer $y'_{\frac{1}{2}} = \varphi\left(a + \frac{w}{2}, y_{\frac{1}{2}}\right)$, findet nach der

Trapezformel (genauer als bisher) $y_{\frac{1}{2}} = b + \frac{1}{2} \cdot \frac{w}{2}(y'_0 + y'_{\frac{1}{2}}) =$

$b + \frac{w}{4}(y'_0 + y'_{\frac{1}{2}})$, berechnet wieder $y'_{\frac{1}{2}}$ uff. Sodann extrapoliert man

$y'_1 = 2y'_{\frac{1}{2}} - y'_0$, berechnet $y_1 = b + \frac{w}{6}\,[y'_0 + y'_1 + 4y'_{\frac{1}{2}}]$, dann

$y'_1 = \varphi(a + w, y_1)$ uff. Hält man das Ergebnis noch für ungenau,
so kann man das erste Intervall noch einmal halbieren, also erst
$y'_{\frac{1}{4}}$ und $y_{\frac{1}{4}}$ berechnen (Trapezregel!), dann $y'_{\frac{1}{2}}$ und $y_{\frac{1}{2}}$ (Simpsonsche

Regel), dann y'_1 und y_1. Damit ist die Grundlage für die weitere
Rechnung gegeben.

Wir prüfen unser Näherungsverfahren wie gewöhnlich an einer
Aufgabe, die auch exakt zu lösen ist, um eine Kontrolle seiner Zu-
verlässigkeit zu haben.

Beispiel 28. $y' = -\frac{1}{5} x y$; für $x = 0$ sei $y = 10$.

Wir wählen das Intervall $w = 0,5$. Es ist $y_0 = 10$; $y'_0 = -\frac{1}{5} \cdot 0 \cdot 10 = 0$.

A. Beginn. 1. Annahme: $y'_{\frac{1}{2}} = 0$. ($y'_{\frac{1}{2}}$ ist der Wert von y', welcher der Abszisse $x = \frac{1}{2} w = 0,25$ entspricht). Dann ist $y_{\frac{1}{2}} = 10 + 0,25 \cdot 0 = 10$. Daraus folgt als genauerer Wert für die Ableitung: $y'_{\frac{1}{2}} = -\frac{1}{5} \cdot 0,25 \cdot 10 = -0,5$.

2. Annahme: $y'_{\frac{1}{2}} = -0,5$. Dann ist $y_{\frac{1}{2}} = 10 + \frac{0,5}{4} (0 - 0,5) = 10 - 0,0625 = 9,9375$. Daraus folgt $y'_{\frac{1}{2}} = -\frac{1}{5} \cdot 0,25 \cdot 9,9375 = -0,4969$.

3. Annahme: $y'_{\frac{1}{2}} = -0,4969$. Dann ist $y_{\frac{1}{2}} = 10 + \frac{0,5}{4} (0 - 0,4969) = 9,9379$; $y'_{\frac{1}{2}} = -0,4969$. Die weitere Rechnung würde keine Verbesserung bringen.

B. Fortführung. I. Es ist jetzt $y_0, y'_0; y_{\frac{1}{2}} y'_{\frac{1}{2}}$ als bekannt anzusehen. y'_1 wird bestimmt, zunächst durch lineare Extrapolation.

1. Annahme: $y'_1 = 2 y'_{\frac{1}{2}} - y'_0 = -0,9938 - 0 = -0,9938$. Dann ist $y_1 = 10 + \frac{0,5}{6} [0 - 0,9938 - 1,9876]$, also $y_1 = 9,7515_5$. Hieraus: $y'_1 = -\frac{1}{5} \cdot 0,5 \cdot 9,7515_5 = -0,9752$.

2. Annahme: $y'_1 = -0,9752$; $y_1 = 10 + \frac{0,5}{6} [0 - 0,9752 - 1,9876] = 9,7531$; $y'_1 = -\frac{1}{5} \cdot 0,5 \cdot 9,7531 = -0,9753$.

3. Annahme: $y'_1 = -0,9753$; $y_1 = 10 + \frac{1}{12} [0 - 0,9753 - 1,9876] = 9,7531$; $y'_1 = -0,1 \cdot 9,7531 = -0,9753$. Damit ist y'_1 und y_1 bestimmt.

II. Bestimmung von y'_2 und y_2.

1. Annahme: $y'_2 = 2 y'_1 - y'_0 = -1,9506$. Dann ist $y_2 = 10 + \frac{2 \cdot 0,5}{6} [0 - 1,9506 - 3,9012] = 9,0247$. $y'_2 = -\frac{1}{5} \cdot 1 \cdot 9,0247 = -1,8049$.

2. Annahme: $y'_2 = -1,8049$; $y_2 = 10 + \frac{1}{6} [-1,8049 - 3,9012] = 9,0490$; $y'_2 = -\frac{1}{5} \cdot 9,0490 = -1,8098$.

3. Annahme: $y'_2 = -1,8098$; $y_2 = 10 + \frac{1}{6} [-1,8098 - 3,9012] = 9,0482$; $y'_2 = -1,8096$.

III. Bestimmung von y'_3 und y_3.

1. Annahme: $y'_3 = 2y'_2 - y'_1 = -2,6439$; $y_3 = y_1 +$
$+ \dfrac{2 \cdot 0,5}{6} [-0,9753 - 2,6439 - 7,2384] = 7,9435$; $y'_3 = -\frac{1}{5} \cdot 1,5 \cdot$
$7,9435 = -2,3830_5$.

2. Annahme: $y'_3 = -2,3830_5$; $y_3 = 9,7531 + \frac{1}{6} [-0,9753$
$-2,3830_5 - 7,2384] = 7,9870$; $y'_3 = -2,3961$.

3. Annahme: $y'_3 = -2,3961$; $y_3 = 7,9848$; $y'_3 = -2,3954$.

4. Annahme: $y'_3 = -2,3954$; $y_3 = 7,9849$; $y'_3 = -2,3955$.

IV. Bestimmung von y'_4 und y_4.

1. Annahme: $y'_4 = 2y'_3 - y'_2 = -2,9814$; $y_4 = y_3 + \frac{1}{6}[-1,8096$
$-2,9814 - 9,5820] = 6,6527$; $y'_4 = -2,6611$.

2. Annahme: $y'_4 = -2,6611$; $y_4 = 9,0482 + \frac{1}{6} [-1,8096$
$-2,6611 - 9,5820] = 6,7061$; $y'_4 = -2,6824$.

3. Annahme: $y'_4 = -2,6824$; $y_4 = 6,7025$; $y'_4 = -2,6810$.

4. Annahme: $y'_4 = -2,6810$; $y_4 = 6,7028$; $y'_4 = -2,6811$.

Die exakte Lösung ist $y = K e^{-\frac{x^2}{10}}$; wegen der Anfangsbedingung muß $K = 10$ sein. Die durch unser Verfahren erzielte Genauigkeit zeigt die folgende Tabelle.

x	0	0,25	0,5	1,0	1,5	2,0
y annähernd	10	9,9379	9,7531	9,0482	7,9849	6,7028
y genau	10	9,9377	9,7531	9,0484	7,9851	6,7032

Zusatz 1. Genauer als durch lineare Extrapolation kann man aus einer Reihe von gegebenen Funktionswerten, die in gleichen Abständen aufeinander folgen (hier y'_0; y'_1; $y'_2 \cdots$), den gesuchten nächsten Wert finden, wenn man nicht nur die beiden letzten, sondern alle bekannten benutzt. Das Verfahren sei hier ohne Beweis mitgeteilt; vgl. z. B. v. Sanden, Praktische Analysis, viertes Kapitel.

Man schreibt die gegebenen Zahlen untereinander und läßt zwischen ihnen immer eine Zeile frei. In diese trägt man, etwas weiter nach rechts gehend, die Differenzen ein. Von der so erhaltenen Differenzenreihe bildet man wieder die Differenzen usf., bis das Schema zu Ende ist oder die Differenz konstant wird. Die letzte Differenz benutzt man additiv zur Fortsetzung der Tabelle; die so erhaltenen Größen sind zur Unterscheidung eingeklammert.

1. Gegeben sei y'_0; y'_1; y'_2; gesucht ist y'_3. Wir bekommen mit unseren Werten

y'_0 0

                $-0,9753$

y'_1 $-0,9753$ $0,1410$

                $-0,8343$

y'_2 $-1,8096$ $(0,1410)$

                $(-0,6933)$

$(y'_3)\,(-2,5029)$ Dieser Wert ist viel genauer als $-2,6439$.

2. Aus y'_0; y'_1; y'_2; y'_3 (berechnet) soll y'_4 näherungsweise bestimmt werden.

y'_0 0

                $-0,9753$

y'_1 $-0,9753$ $0,1410$

                $-0,8343$ $0,1074$

y'_2 $-1,8096$ $0,2484$

                $-0,5859$ $(0,1074)$

y'_3 $-2,3955$ $(0,3558)$

                $(-0,2301)$

$(y'_4)\,(-2,6256)$

3. Es soll y'_5 und y_6 ermittelt werden.

y'_0 0

                $-0,9753$

y'_1 $-0,9753$ $0,1410$

                $-0,8343$ $0,1074$

y'_2 $-1,8096$ $0,2484$ $-0,0555$

                $-0,5859$ $0,0519$

y'_3 $-2,3955$ $0,3003$ $(-0,0555)$

                $-0,2856$ $(-0,0036)$

y'_4 $-2,6811$ $(0,2967)$

                $(+0,0111)$

$(y'_5)\,(-2,6700)$.

1. Annahme: $y'_5 = -2,6700$. Dann ist $y_6 = y_3 + \dfrac{w}{3}\,(y'_3 + y'_5 + 4\,y'_4) = 5,3532_5$; $y'_5 = -2,6766$.

2. Annahme: $y'_5 = -2,6766$; $y_6 = 5,3521_5$; $y'_5 = -2,6761$.

3. Annahme: $y'_5 = -2,6761$; $y_6 = 5,3522$; $y'_5 = -2,6761$ (genauer Wert $y_6 = 5,3526$).

Man tut gut, in das Differenzenschema, welches für die ganze Rechnung benutzt werden kann, die extrapolierten Größen nur mit Bleistift einzutragen und erst nach Erledigung des betreffenden Intervalles sie mit Tinte als gesichert zu kennzeichnen.

Man kann auch die ermittelten Werte von y' graphisch darstellen und nach dem Verlauf der Kurve den zu extrapolierenden abschätzen.

Zusatz 2. Es seien die Größen y_0, y'_0; y_1, y'_1; y_2, y'_2 bekannt. Dann ermittelt man $y'_3 = m$ durch Extrapolation und findet $y_3 =$

$$= y_1 + \frac{w}{3}[y'_1 + 4y'_2 + y'_3] = n.$$

Aus x_3 und y_3 erhält man einen genaueren Wert von y'_3, er sei $= m + h$, worin h die Verbesserung bedeutet, die an den ersten anzubringen ist. Der genauere Wert von y_3 werde mit $n + k$ bezeichnet; es ist $n + k = y_1 + \frac{w}{3}[y'_1 + 4y'_2 + m$

$+ h] = n + \frac{wh}{3}$; d. h. es ist die für y_3 erforderliche Verbesserung $k = \frac{wh}{3}$.

So ist in Beispiel 28, III $m = -2{,}6439$; $n = 7{,}9435$; $m + h = -2{,}3830_5$, also $h = +0{,}2608_5$; $k = \frac{1}{3} \cdot 0{,}5 \cdot 0{,}2608_5 = 0{,}0435$, also der genauere Wert von $y_3 = n + k = 7{,}9870$.

Ebenso kann man natürlich bei jedem weiteren Intervall verfahren. Man wende die näherungsweise Lösung durch die Simpsonsche Regel auf eine Reihe der bisher behandelten Aufgaben an.

Aufgaben.

106. $y' = \sqrt{1 - y^2}$; für $x = 0$ sei $y = 0$; $w = 0{,}2$. 107. $y' = -\frac{y}{x} + \frac{1}{x^2} + y^2$; $x_0 = 1$; $y_0 = 0$; $w = 0{,}1$. 108. Warum muß bei der vorigen Aufgabe das Näherungsverfahren schließlich versagen?

109. $\frac{dy}{dx} = \frac{1}{\sqrt{x^2 + y^2}}$; $x_0 = 0{,}5$; $y_0 = 0$; $w = 0{,}2$.

VI. Die einfachsten Typen der Differentialgleichungen zweiter Ordnung.
Erster Typus: $y'' = f(x)$.

Beispiel 29. Ein Stab von der Länge l cm ist in eine feste Wand so eingespannt, daß er senkrecht aus ihr heraustritt. An seinem Ende ist die Last P kg befestigt. Es soll die Formänderung untersucht werden, welche er durch die Biegung erleidet (Fig. 22).

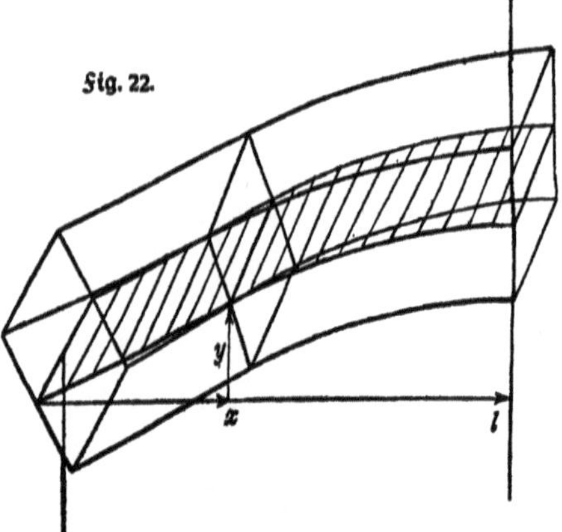

Der obere Teil des Stabes wird durch die Biegung gedehnt, der untere zusammengepreßt; eine Schicht dazwischen behält ihre ursprüngliche Länge; man nennt sie die neutrale Faser; eine in ihr liegende Linie, die vor der Biegung geradlinig war und senkrecht zur Wand stand, wird zu einer Kurve gebogen, welche die elastische Linie heißt.

Es läßt sich zeigen, daß die neutrale Schicht durch den Schwerpunkt des Querschnitts geht. Die Belastung möge im Schwerpunkt angreifen; wir wählen die neutrale Linie, welche durch diesen Angriffspunkt geht. Er sei (nach der Biegung) zugleich Anfang des Koordinatensystems, die x Achse verlaufe in senkrechter Richtung auf die Mauer, die y Achse sei nach oben gerichtet. (In Fig. 22 sind die Achsen, der Deutlichkeit halber, nach vorn verschoben.)

Jetzt greifen wir einen beliebigen Querschnitt des Trägers heraus, dessen Schwerpunkt die Abszisse x hat. Die Stärke der Drehung wird durch das Biegungsmoment M (= Kraft · Kraftarm, J. S. 37) bestimmt; hier ist $M = Px$. Damit Gleichgewicht herrscht, müssen die im Innern des Querschnitts entstehenden Kräfte ein gleichgroßes Moment von entgegengesetztem Drehungssinn erzeugen. Die Spannung σ (in Atmosphären gemessen) ist für jedes Flächenelement df des Querschnitts (Fig. 23) durch die Verlängerung oder Verkürzung der betreffenden Faser entstanden; ist a ihre ursprüngliche Länge, Δa ihre Verlängerung, so ist sie nach dem Hookeschen Gesetze $\sigma = E\dfrac{\Delta a}{a}$,

wobei die Proportionalitätsgröße E eine Naturkonstante des Materials, der Elastizitätsmodul, ist. Die Länge eines kleinen Kurvenbogens der elastischen Linie ist (Fig. 24) $a = \varrho\,\varphi$, wenn ϱ der Krümmungsradius und φ ein kleiner Winkel (im Bogenmaß) ist. Die Faser, welche η cm über der neutralen liegt, hat den Krümmungsradius $\varrho + \eta$, also den Kurvenbogen $(\varrho + \eta)\,\varphi$.

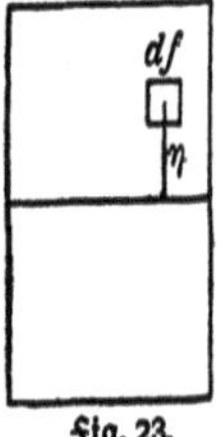

Fig. 23.

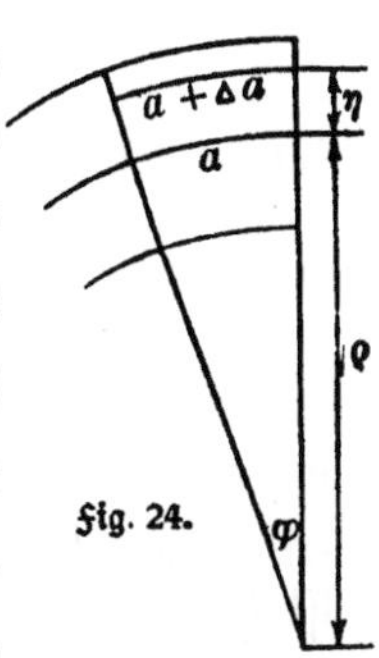

Er ist um $\eta\varphi$ größer als der vorige, d. h. $\Delta a = \eta\varphi$, $\sigma = E \cdot \dfrac{\eta\varphi}{\varrho\varphi} = \dfrac{\eta E}{\varrho}$. Die Kraft, welche an der Stelle df herrscht, ist (Kraft = Fläche · Spannung) $dK =$ $= \sigma df = \dfrac{E\eta\,df}{\varrho}$; das Biegungsmoment, welches sie hervorruft (natürlich auf die neutrale Faser bezogen) $dM = \eta\,dK = \dfrac{E\eta^2 df}{\varrho}$, das im ganzen Querschnitt herrschende Biegungsmoment $M = \sum \dfrac{E\eta^2\,df}{\varrho}$, wobei die Summation über alle Flächenelemente zu erstrecken ist. Da für den betreffenden Querschnitt der Krümmungsradius ϱ der elastischen Linie (an der Stelle, wo sie von dem Querschnitt getroffen wird) konstant ist, so kann man auch schreiben $M = \dfrac{E}{\varrho} \sum \eta^2\,df$ oder genauer $M = \dfrac{E}{\varrho} \int \eta^2\,df$. Das Integral ist aber gerade das **Trägheitsmoment** J des Querschnittes (J. S. 47). Somit ist $M = \dfrac{EJ}{\varrho}$.

Damit die elastischen Kräfte der Durchbiegung, welche P allein verursachen würde, eine Grenze setzen, muß die Beziehung bestehen $\dfrac{EJ}{\varrho} = Px$ oder $\dfrac{1}{\varrho} = \dfrac{Px}{EJ}$.

Nun ist $\varrho = \pm \dfrac{\sqrt{1 + (y')^2}^3}{y''}$. Bei geringen Durchbiegungen weichen die Tangenten nur wenig von der horizontalen Richtung ab, y' und erst recht $(y')^2$ kann gegen 1 vernachlässigt werden. Dann ist $\dfrac{1}{\varrho} = \pm y''$, die elastische Linie ist charakterisiert durch die Gleichung $\dfrac{d^2 y}{dx^2} = \pm \dfrac{Px}{EJ}$. Da die Kurve offenbar zur X Achse konkav ist, so muß für positive x die zweite Ableitung negativ sein (D. S. 41), es ist also das positive Vorzeichen zu unterdrücken.

Die Lösung dieser Differentialgleichung zweiter Ordnung geschieht durch zwei Integrationen. Man findet

(1) $\quad \dfrac{dy}{dx} = -\dfrac{Px^2}{2EJ} + k \qquad$ (2) $\quad y = -\dfrac{Px^3}{6EJ} + kx + k_1$, wobei k und k_1 willkürliche Integrationskonstanten sind. Jede Differentialgleichung zweiter Ordnung hat deren zwei, da ein zweiter Differentialquotient zwei Integrationen erfordert.

Die Integrationskonstante einer Differentialgleichung erster Ordnung konnte durch eine Bedingung bestimmt werden, die wir der Lösung auferlegten (z. B., daß die betreffende Kurve durch einen ganz bestimmten Punkt gehen sollte); hier können wir sogar zwei Forderungen aufstellen. Und die liegen bei unserer Aufgabe auch in der Natur der Sache. Für $x = 0$ muß ja nach der Wahl unseres Koordinatensystems auch $y = 0$ sein und für $x = l$ muß die Kurve wagerecht verlaufen, also $y' = 0$ sein. Für $x = 0$ findet man aus (2), daß $k_1 = 0$ sein muß, für $x = l$ aus (1), daß $k = \dfrac{Pl^2}{2EJ}$ ist. Die gesuchte Gleichung ist daher

$$y = -\frac{Px^3}{6EJ} + \frac{Pl^2}{2EJ}\, x = \frac{Pl^3}{2EJ}\left[\frac{x}{l} - \frac{1}{3}\frac{x^3}{l^3}\right] \quad \text{(vgl. D. S. 45).}$$

Ist allgemein $y'' = f(x)$, so ist $y' = \int f(x)\,dx = F(x) + k; y = \int F(x)\,dx + kx = \Phi(x) + kx + k_1$. Zur Bestimmung der Integrationskonstanten sind zwei vorgeschriebene Bedingungen erforderlich, die den speziellen Forderungen der Aufgabe gerecht werden.

Aufgaben.

110. Eine Stange aus Flußstahl ($E = 2150000$) hat, von der Einspannstelle an gerechnet, eine Länge von 1 m und einen Querschnitt von 10 qcm. Am Ende ist sie mit 10 kg belastet. Wie groß ist die Senkung des Endes (Pfeil der Biegung) für folgende Formen des Querschnitts: a) ein Quadrat, b) einen Kreis, c) ein Rechteck, dessen horizontale Seite doppelt so groß ist wie die vertikale, d) ein Rechteck mit umgekehrtem Seitenverhältnis, e) einen Kreisring mit der Wandstärke 0,5 cm?

111. Warum liegt der Schwerpunkt des Querschnitts in der neutralen Faser?

112. Wie hängen die Spannungen in einem Querschnitt von dem Abstande des betreffenden Teilchens von der neutralen Linie ab?

113. Ein Stab ruht frei auf zwei gleich hohen Stützen, deren Abstand $AB = l$ ist, und ist in der Mitte durch das Gewicht P belastet. Wie lautet die Gleichung seiner elastischen Linie?

114. Man bestimme den Pfeil der Biegung für den frei aufliegenden Träger; die Abmessungen seien so gewählt wie in Aufgabe 110.

Zweiter Typus: $y'' = f(y)$.

Beispiel 30. Ein verhältnismäßig dünner und langer Stab, welcher einer Druckbelastung ausgesetzt wird, die sehr nahe in Richtung der

Stabachse wirkt, wird auf **Knickung** beansprucht. Es soll gefunden werden, welche Gestalt die ursprünglich gerade Stabachse dabei annimmt.

Es sei möglich, durch die Stabachse AB (Fig. 25) und die Kraftrichtung PP (die ja nicht genau mit ihr zusammenfällt), eine Ebene zu legen, die Zeichenebene der Fig. 25. Auf den deformierten Stab, dessen mittlere Faser die krumme Linie ACB ist, können wir genau dieselben Überlegungen anwenden wie in Beispiel 29; das Biegungsmoment in dem Querschnitt C ist $M = \dfrac{EJ}{\varrho}$. Wählen wir die Kraftrichtung zur X Achse, die Richtung der Ausbiegung zur Y Achse, so ist das Moment der äußeren Kräfte für diesen Querschnitt $M = Py$. Setzen wir noch $\varrho \approx \pm \dfrac{1}{y''}$, so ergibt sich als Gleichung der gesuchten Linie ACB die Formel $EJy'' = -Py$ oder $y'' = -\dfrac{P}{EJ}y$. Das Minuszeichen tritt auf, weil die Kurve zur X Achse konkav ist. Zur Abkürzung setzen wir $\dfrac{P}{EJ} = \alpha^2$.

Es ist zweckmäßig, unsere Gleichung mit y' zu multiplizieren; sie wird dann $y'y'' = -\alpha^2 y y'$.

$y'y'' = \dfrac{1}{2}\dfrac{d}{dx}(y')^2$; $yy' = \dfrac{1}{2}\dfrac{d}{dx}(y^2)$, also folgt durch Integration $(y')^2 = -\alpha^2 y^2 + k^2$. Die Integrationskonstante muß stets positiv sein, da $(y')^2$ es auch sein muß, sie wird daher mit k^2 bezeichnet.

$y' = \sqrt{k^2 - \alpha^2 y^2}$; $\dfrac{dy}{\sqrt{k^2 - \alpha^2 y^2}} = dx$; $\dfrac{1}{\alpha}\arcsin\dfrac{\alpha y}{k} = x + k_1$; $\dfrac{\alpha y}{k} = $

$\sin\alpha(x + k_1)$; $y = \dfrac{k}{\alpha}\sin(\alpha x + \alpha k_1) = \dfrac{k}{\alpha}\sin\alpha x\cos\alpha k_1 + \dfrac{k}{\alpha}\cos\alpha x\sin\alpha k_1$

oder, wenn man zur Abkürzung die konstanten Koeffizienten mit m und n bezeichnet, $y = m\cos\alpha x + n\sin\alpha x$. Zur Bestimmung der Integrationskonstanten m und n bedenken wir, daß 1) für $x = 0$ die Größe y den Wert p, 2) daß sie für $x = l$, die Stablänge, den Wert q haben muß (vgl. Fig. 25). Daher ist 1) $p = m$;

2) $n\sin\alpha l + m\cos\alpha l = q$; $n\sin\alpha l + p\cos\alpha l = q$; $n = \dfrac{q - p\cos\alpha l}{\sin\alpha l}$.

Setzt man diese Werte in den Ausdruck für y ein, so erhält man

$$y = \frac{\sin \alpha x}{\sin \alpha l}(q - p \cos \alpha l) + p \cos \alpha x.$$

Es sei jetzt allgemein $y'' = f(y)$. Dann ist $y'\,y'' = y'\,f(y)$; $\frac{1}{2}\frac{d}{dx}(y')^2$
$= \frac{f(y)\,dy}{dx}$, also $d(y')^2 = 2f(y)\,dy$; $(y')^2 = \int 2f(y)\,dy = F(y) + k$;

$y' = \sqrt{F(y) + k}$; $\frac{dy}{\sqrt{F(y) + k}} = dx$; $x = \int \frac{dy}{\sqrt{F(y) + k}} = \Phi(y) + k_1.$

Hierbei enthält Φ noch die Konstante k.

Aufgaben.

115. An welcher Stelle des auf Knickung beanspruchten Stabes ist die Abweichung maximal und wie groß ist ihr Betrag?

116. Die in Aufgabe 110 beschriebene Stange wird mit 10 kg auf Knickung beansprucht. Am oberen Ende greift die Kraft in der Mitte des Stabquerschnitts an, am unteren ist ihr Angriffspunkt 0,5 cm von der Achse entfernt. Wie lautet die Gleichung der deformierten Mittellinie, wie groß ist die maximale Abweichung von der Kraftrichtung, welchen Winkel bildet die deformierte Mittellinie am Anfang und Ende mit der ursprünglichen? (Bei rechteckigem Querschnitt soll q einmal der längeren, einmal der kürzeren Seite parallel verlaufen.)

117. Für welchen Wert von P wird y unendlich groß? Hat diese Frage eine technische Bedeutung?

118. Wie groß ist die höchste zulässige Knickbeanspruchung im Falle der Aufgabe 116, wenn man als Sicherheitskoeffizienten $\frac{1}{6}$ annimmt?

119. $y'' = \alpha^2 y.$ **120.** $y'' = \dfrac{a^2}{y^3}.$

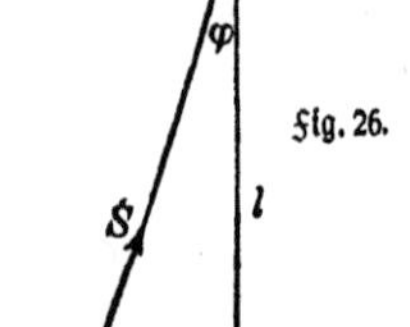

Beispiel 31. Es soll die Bewegung des Uhrpendels untersucht werden.

Zur Vereinfachung denken wir uns die Masse der Pendellinse in ihrem Schwerpunkt P vereinigt und nehmen an, daß die Pendelstange wegen ihrer verhältnismäßig geringen Masse die Bewegung nicht beeinflußt. (Mathematisches Pendel, Fig. 26.)

Das Pendel wird durch die in P angreifende Schwerkraft in Bewegung gesetzt. Die vertikale Beschleunigung, welche die Schwere verursacht, ist $g = 9{,}81$ m/sec². Wir zerlegen sie in zwei senkrechte Komponenten, PN und PT. PN liegt in der Richtung der Pendelstange, erzeugt dort eine Spannung PS und wird durch sie aufgehoben. Der wirksame Bestandteil der Schwerebeschleunigung ist allein die Tangentialkomponente $PT = g \sin \varphi$, wenn φ der momentane Ausschlagswinkel ist. Der vom Pendel zurückgelegte Weg ist ein Stück eines Kreises, dessen Radius die Länge des Pendels, l, ist. Bezeichnen wir OP mit s, so ist die Geschwindigkeit in der Bahn $v = \dfrac{ds}{dt}$ und die Beschleunigung $b = \dfrac{d^2s}{dt^2}$. Es ist also $\dfrac{d^2s}{dt^2} = -g \sin \varphi$.

Das negative Vorzeichen ist rechts zu setzen, weil durch die Schwerkraft s (und auch φ) verkleinert wird.

Da $s = l\varphi$ ist, so hat man $s' = l\varphi'$ und $s'' = l\varphi''$, also

$$\varphi'' = -\frac{g}{l} \sin \varphi.$$

Die strenge Lösung dieser die Pendelbewegung charakterisierenden Differentialgleichung führt auf elliptische Funktionen. Bei kleinen Schwingungen ist aber eine gute Näherung dadurch möglich, daß man $\sin \varphi = \varphi$ setzt. (D., Näherungsformeln.)

Aus $\varphi'' = -\dfrac{g}{l} \varphi$ folgt nach Beispiel 30

$$\varphi = m \cos \sqrt{\frac{g}{l}}\, t + n \sin \sqrt{\frac{g}{l}}\, t.$$

Setzen wir als Anfangspunkt für die Zeitzählung den Moment fest, in welchem der tiefste Punkt der Pendelbahn passiert wird, so muß für $\varphi = 0$ auch $t = 0$ sein. Dann wird $\cos \sqrt{\dfrac{g}{l}}\, t = 1$, $\sin \sqrt{\dfrac{g}{l}}\, t = 0$, also muß in unserer Gleichung für φ die Konstante m den Wert 0 besitzen. Es ist $\varphi = n \sin \sqrt{\dfrac{g}{l}}\, t$.

Der größte Ausschlagswinkel sei φ_1, er wird erreicht, wenn der Sinus seinen größten Wert, 1, annimmt. Dann ist $\varphi_1 = n$, wodurch die Bedeutung von n gefunden ist.

Aufgaben.

121. Welche Zeit braucht das Pendel, um von dem tiefsten auf den höchsten Punkt zu gelangen?

122. Welche Zeit verfließt, wenn das Pendel vom höchsten Punkt auf den tiefsten sinkt?

123. Es soll die Symmetrie der Pendelschwingungen nachgewiesen werden.

124. Welche Zeit verfließt, bis das Pendel, von einem höchsten Punkte ausgehend, zum andern gelangt (einfache Schwingungsdauer)?

125. Wie hängt diese Zeit von dem größten Ausschlagswinkel ab? Wie vom Gewicht und Material?

126. Wie hängt die Schwingungsdauer von der Länge der Pendelstange ab?

127. Wie lang muß die Stange eines Sekundenpendels sein?

128. Wieviel geht eine Uhr mit Sekundenpendel täglich nach, wenn die Temperatur um Θ^0 steigt? Die Stange sei aus Eisen vom Ausdehnungskoeffizienten 0,000012. Θ sei beispielsweise 5^0 Celsius.

Dritter Typus: $y'' = f(y')$.

Beispiel 32. Ein unausdehnbarer, völlig biegsamer Faden habe den konstanten Querschnitt q qcm. Sein spezifisches Gewicht sei γ Gramm pro ccm. Der Faden ist an zwei Punkten P und Q befestigt und unterliegt nur der Einwirkung der Schwere. Welche Gestalt nimmt er an? (Fig. 27.)

Es ist klar, daß die Kurve in der Vertikalebene liegen muß, welche durch die beiden Stützpunkte geht, denn von Seitenkräften, wie sie 3. B. der Wind auf eine Wäscheleine ausübt, sehen wir ab. Wir betrachten ein kleines Fadenstück AB von der Länge ds cm. Sein Gewicht ist $q\gamma\,ds$ Gramm. Daß es nicht fällt, bewirkt die Spannung des Fadens. In A sei sie T g/qcm, in B sei sie T_1 g/qcm, die dort wirkenden Kräfte erhält man durch Multiplikation mit dem Querschnitt q. Ihre Horizontalprojektionen sind $q\,T\cos\varphi = q\left(T\dfrac{dx}{ds}\right)_A$ und $q\,T_1\cos\varphi_1 = q\left(T\dfrac{dx}{ds}\right)_B$, ihre Vertikalprojektionen $q\left(T\dfrac{dy}{ds}\right)_A$ und $q\left(T\dfrac{dy}{ds}\right)_B$. Die Indizes deuten an, für welchen Punkt

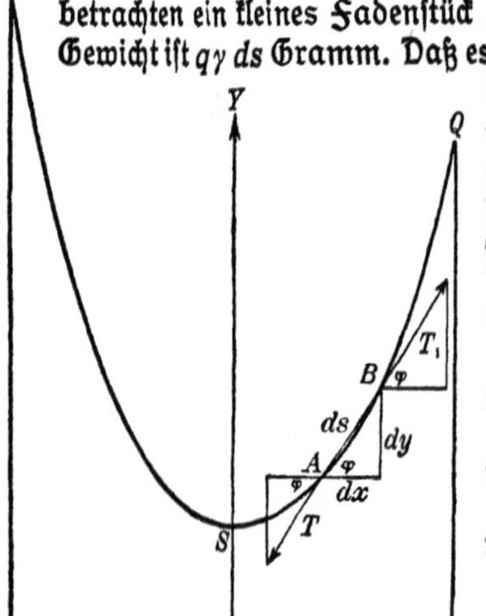

Fig. 27.

der Klammerinhalt berechnet werden muß. Sie vereinigen sich zu einer Gesamtkraft, die im Schwerpunkt des kleinen Fadenstückes AB angreift und die Komponenten $q\left(T\dfrac{dx}{ds}\right)_B - q\left(T\dfrac{dx}{ds}\right)_A$ und $q\left(T\dfrac{dy}{ds}\right)_B - q\left(T\dfrac{dy}{ds}\right)_A$ hat (Minuszeichen wegen entgegengesetzter Richtung). Dafür kann man kürzer $q\,\Delta\left(T\dfrac{dx}{ds}\right)$ und $q\,\Delta\left(T\dfrac{dy}{ds}\right)$ schreiben und schließlich das Zeichen Δ durch d ersetzen (J.S. 51). Da Gleichgewicht herrschen soll, so muß jede Spannungskomponente der entsprechenden Schwerkraftskomponente gleich sein, die in wagerechter Richtung 0 und in senkrechter $q\gamma\,ds$ Gramm ist. Man hat die Gleichungen $q\,d\left(T\dfrac{dx}{ds}\right) = 0$ und $q\,d\left(T\dfrac{dy}{ds}\right) = q\gamma\,ds$. Die Größe q hebt sich fort; das bedeutet, daß unsere weiteren Betrachtungen für jeden dünnen oder dicken Faden gleichmäßig gelten. Unsere Gleichungen sind, wenn wir noch durch ds dividieren

$$\text{(I)}\quad \frac{d}{ds}\left(T\frac{dx}{ds}\right) = 0; \quad \text{(II)}\quad \frac{d}{ds}\left(T\frac{dy}{ds}\right) = \gamma.$$

Natürlich ist $ds^2 = dx^2 + dy^2$. Aus (I) folgt $T\dfrac{dx}{ds} = k$; die Horizontalkomponente der Spannung (und auch die der Kraft) ist für jeden Querschnitt gleich groß. Setzt man dies Ergebnis in (II) ein, so erhält man

$$\frac{d}{ds}\left(\frac{k\,ds}{dx}\cdot\frac{dy}{ds}\right) = k\,\frac{d}{ds}\left(\frac{dy}{dx}\right) = \gamma,$$

oder nach Multiplikation mit $\dfrac{ds}{dx}$

$$\text{(III)}\quad k\,\frac{d^2y}{dx^2} = \gamma\,\frac{ds}{dx} = \gamma\sqrt{1 + \left(\frac{dy}{dx}\right)^2}.$$

Diese Differentialgleichung ist dadurch charakterisiert, daß nur der erste und zweite Differentialquotient, nicht die Variabeln x und y selbst vorkommen. Es liegt nahe, den ersten Differentialquotienten als Unbekannte z aufzufassen, es ist dann $\dfrac{dy}{dx} = z$; $\dfrac{d^2y}{dx^2} = \dfrac{dz}{dx}$. Unsere Gleichung wird auf die erste Ordnung reduziert, sie lautet jetzt

$$\text{(IV)}\quad k\,\frac{dz}{dx} = \gamma\sqrt{1 + z^2}.$$

Durch Trennung der Variabeln erhält man

$$\mathfrak{Ar}\,\mathrm{Sin}\,z = \frac{\gamma}{k}(x - x_0) = k_1(x - x_0); \quad z = \mathrm{Sin}\,k_1(x - x_0).$$

Hieraus findet man sofort $y = \int z\,dx$;

$$\text{(V)}\quad y - y_0 = \frac{1}{k_1}\mathfrak{Cos}\,k_1(x - x_0).$$

Legt man die Y-Achse so, daß sie durch den tiefsten Punkt S der Kurve geht, so muß $y' = 0$ sein für

$x=0$; aus der Gleichung $y'=\mathfrak{Sin}\, k_1 (x-x_0)=0$ folgt $x_0=0$.

Für $x=0$ wird dann $y-y_0=\dfrac{1}{k_1}$; legt man die X Achse so, daß der tiefste Punkt der Kurve von ihr den Abstand $\dfrac{1}{k_1}$ hat $\left(y=\dfrac{1}{k_1}\right)$, so wird $y_0=0$ und die durch passende Wahl des Koordinatensystems vereinfachte Kurvengleichung

$$\text{(VI)}\quad y=\frac{1}{k_1}\,\mathfrak{Cos}\, k_1\, x$$

ist identisch mit der der Kettenlinie $\left(\text{D.S.}61 \text{ und } 98;\ m=\dfrac{1}{k_1}\right)$. In der Praxis ist (Fig. 28) meistens die Höhe der Aufhängepunkte über dem Erdboden (a und c Meter), ihr wagerechter Abstand $2l$ (m) und die Länge des Seiles

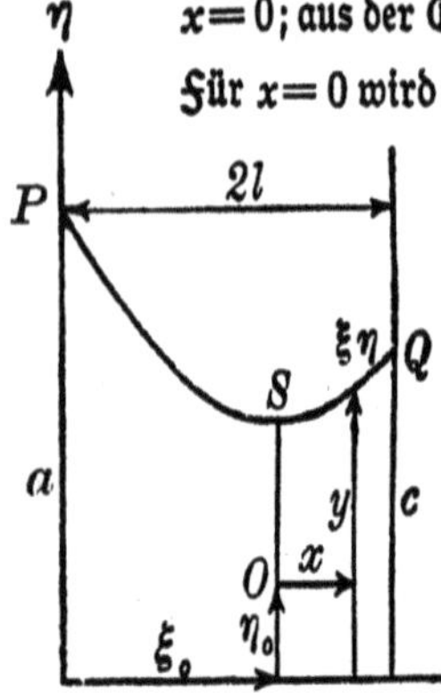

Fig. 28.

($2\,L$ Meter) gegeben. Dann muß man, um die Kurve zeichnen zu können, den Parameter $m\left(=\dfrac{1}{k_1}\right)$ und die Lage des Achsenkreuzes kennen, auf das die soeben abgeleitete Gleichung bezogen ist. Wir wählen zunächst ein anderes System, dessen Ordinatenachse der eine Stab ist, von dem das Seil ausgeht, und dessen Abszissenachse die Fußpunkte der beiden Stäbe verbindet. Die Koordinaten eines beliebigen Punktes in diesem System seien ξ, η; die Koordinaten für den Mittelpunkt O des gesuchten Systems ξ_0, η_0. Dann ist $x=\xi-\xi_0$, $y=\eta-\eta_0$, und die Gleichung der Kettenlinie

$$\text{(VII)}\quad \eta-\eta_0=m\,\mathfrak{Cos}\,\frac{\xi-\xi_0}{m}.$$

Für $\xi=0$ muß $\eta=a$, für $\xi=2l$ muß $\eta=c$ sein, also ist

$$\text{(VIII)}\quad a-\eta_0=m\,\mathfrak{Cos}\,\frac{\xi_0}{m};\quad \text{(IX)}\quad c-\eta_0=m\,\mathfrak{Cos}\,\frac{2l-\xi_0}{m}.$$

Ferner ist Bogen SQ (J. S. 28) $=m\,\mathfrak{Sin}\,\dfrac{2l-\xi_0}{m}$, $SP=m\,\mathfrak{Sin}\,\dfrac{\xi_0}{m}$, also $2L=m\left\{\mathfrak{Sin}\,\dfrac{2l-\xi_0}{m}+\mathfrak{Sin}\,\dfrac{\xi_0}{m}\right\}$. Aus der Definition der Hyperbelfunktionen überzeugt man sich leicht, daß $\mathfrak{Sin}\,\alpha+\mathfrak{Sin}\,\beta=2\,\mathfrak{Sin}\,\tfrac{1}{2}(\alpha+\beta)\,\mathfrak{Cos}\,\tfrac{1}{2}(\alpha-\beta)$ ist, ebenso $\mathfrak{Cos}\,\alpha-\mathfrak{Cos}\,\beta=2\,\mathfrak{Sin}\,\tfrac{1}{2}(\alpha+\beta)\,\mathfrak{Sin}\,\tfrac{1}{2}(\alpha-\beta)$; $\mathfrak{Cos}\,\alpha+\mathfrak{Cos}\,\beta=2\,\mathfrak{Cos}\,\tfrac{1}{2}(\alpha+\beta)\,\mathfrak{Cos}\,\tfrac{1}{2}(\alpha-\beta)$. Man findet dann

$$\text{(X)}\quad L=m\,\mathfrak{Sin}\,\frac{l}{m}\,\mathfrak{Cos}\,\frac{\xi_0-l}{m}.$$

Durch Subtraktion und Addition der Gleichungen VIII und IX resultiert

(XI) $\dfrac{a-c}{2}=b=m\,\mathrm{Sin}\,\dfrac{l}{m}\,\mathrm{Sin}\,\dfrac{\xi_0-l}{m}$.

(XII) $\dfrac{a+c}{2}-\eta_0=m\,\mathrm{Cof}\,\dfrac{l}{m}\,\mathrm{Cof}\,\dfrac{\xi_0-l}{m}$. In (X), (XI), (XII) ist L, l, a, c, b gegeben, m, ξ_0 und η_0 gesucht. Indem wir X und XI quadrieren und subtrahieren, finden wir $L^2-b^2=m^2\,\mathrm{Sin}^2\,\dfrac{l}{m}\left[\mathrm{Cof}^2\,\dfrac{\xi_0-l}{m}-\mathrm{Sin}^2\,\dfrac{\xi_0-l}{m}\right]$. Die eckige Klammer hat (D. S. 39, Aufg. 112) den Wert 1, also ist $\mathrm{Sin}\,\dfrac{l}{m}=\dfrac{\sqrt{L^2-b^2}}{m}=\sqrt{L^2-b^2}\cdot\dfrac{l}{m}\cdot\dfrac{1}{l}$. Setzt man $\dfrac{l}{m}=\varphi$, so ist diese Größe aus der transzendenten Gleichung

(XIII) $\dfrac{\mathrm{Sin}\,\varphi}{\varphi}=\dfrac{\sqrt{L^2-b^2}}{l}$ zu bestimmen. Das ist mit geeigneten Tabellen (z. B. denen der Hütte) leicht; man geht zunächst graphisch vor und wendet dann ein Näherungsverfahren an. Jetzt kennt man

(XIV) $m=\dfrac{l}{\varphi}$. Aus (X) und (XI) ergibt sich durch Division

(XV) $\mathrm{Tg}\,\dfrac{\xi_0-l}{m}=\dfrac{b}{L}$. Findet man hieraus für $\dfrac{\xi_0-l}{m}$ den Wert ψ, so ist

(XVI) $\xi_0=l+m\,\psi$. Endlich hat man nach (XII) $\dfrac{a+c}{2}-\eta_0=m\,\mathrm{Cof}\,\dfrac{\xi_0-l}{m}\,\mathrm{Sin}\,\dfrac{l}{m}\,\mathrm{Ctg}\,\dfrac{l}{m}$;

(XVII) $\eta_0=\dfrac{a+c}{2}-L\,\mathrm{Ctg}\,\varphi$.

Aufgaben.

129. Zwei senkrecht auf der Ebene stehende Stangen haben die Länge von 3 m und sind 5 m voneinander entfernt. Ein Seil ist 7 m lang und verbindet die obersten Punkte der Stangen. Wie lautet die Kurvengleichung?

130. Vom Dache eines dreistöckigen Hauses ($=16$ m) geht eine Telephonleitung aus. Ein Draht ist gerissen, sein freies Ende ist 6 m vom Hause entfernt, in 1 m Höhe befestigt. Welche Kurve beschreibt der Draht, wenn seine Länge $2\,L=18$ m ist?

131. Der Draht im Fall der vorigen Aufgabe berührt, wenn er frei herabhängt, den Erdboden in 6 m Entfernung vom Hause. Wie lang ist der in der Luft schwebende Teil?

132. Wie lautet die Gleichung einer Kurve, deren Krümmungsradius stets den konstanten Wert a hat?

133. Es soll der freie Fall untersucht werden, wenn der Luftwiderstand der $n$ten Potenz der Geschwindigkeit proportional gesetzt wird.

134. Eine Spiralfeder ist an beiden Enden so befestigt, daß sie sich in mäßiger Spannung befindet. Ihr Mittelpunkt wird gewaltsam ein Stückchen nach dem einen Ende hin bewegt und dann freigelassen. Die auf ihn wirkende Kraft ist proportional seiner Entfernung von der Ruhelage. Wie verläuft die Bewegung? (Elastische Schwingungen.)

Vierter Typus: $y'' = f(y', x)$.

Beispiel 33. $y'' = y' - x^2 + 2x$.

Man setze $y' = z$, also $y'' = \dfrac{dz}{dx}$, dann ist $\dfrac{dz}{dx} = z - x^2 + 2x$.

Das allgemeine Integral dieser vollständigen linearen Differentialgleichung erster Ordnung ist (vgl. S. 27 f.) $z = x^2 + k e^x$. Hieraus findet man durch Integration $y = \frac{1}{3} x^3 + k e^x + k_1$.

Im allgemeinen Falle macht man dieselbe Substitution, löst die entstehende Differentialgleichung $\dfrac{dz}{dx} = f(z, x)$, so daß man $z = \varphi(x, k)$ hat und integriert dann noch einmal; $y = \int \varphi(x, k)\, dx + k_1$.

Aufgaben.

135. $y'' = y' + e^x$.   **136.** $y'' = -2y' + e^x$.

137. $y'' = \dfrac{y'}{x} + x \sin x$.

138. Ein Körper bewegt sich geradlinig unter dem Einflusse einer Kraft, welche der Geschwindigkeit direkt und der seit Beginn der Bewegung verflossenen Zeit umgekehrt proportional ist. Wie hängt sein Weg von der Zeit ab?

Fünfter Typus: $y'' = f(y', y)$.

Beispiel 34. Bei welcher Kurve ist die Normale (vom Kurvenpunkt bis zur Abszissenachse) gleich dem Krümmungsradius?

Verlängert man in Fig. 9 NP über P hinaus bis zur XAchse, so findet man für das gesuchte Stück leicht den Wert $y \sqrt{1 + (y')^2}$; es ist daher $\pm \dfrac{\sqrt{1 + (y')^2}^3}{y''} = y \sqrt{1 + (y')^2}$ oder $y'' = \pm \dfrac{1 + (y')^2}{y}$. Es sei wieder $y' = \dfrac{dy}{dx} = z$; dann ist $y'' = \dfrac{dz}{dx} = \dfrac{dz}{dy} \cdot \dfrac{dy}{dx} = \dfrac{dz}{dy} \cdot z$. Wir

erhalten aus unserer Gleichung, wenn wir nur das **positive** Vor
zeichen berücksichtigen,

$$z\,\frac{dz}{dy} = \frac{1 + z^2}{y},$$ eine Differentialgleichung ersten Grades zwischen

z und y. Sie ergibt

$$\frac{z\,dz}{1 + z^2} = \frac{dy}{y}; \quad \ln\left(\frac{y}{k}\right) = \frac{1}{2}\ln(1 + z^2); \quad \sqrt{1 + z^2} = \frac{y}{k};$$

$$z = \frac{dy}{dx} = \pm\sqrt{\frac{y^2}{k^2} - 1}; \quad \frac{k\,dy}{\sqrt{y^2 - k^2}} = \pm\,dx; \quad x - x_0 = k\,\mathfrak{Ar}\,\mathfrak{Cof}\left(\frac{y}{k}\right);$$

$$y = k\,\mathfrak{Cof}\left(\frac{x - x_0}{k}\right) \text{ (Kettenlinie)}.$$

Berücksichtigt man in der Ausgangsgleichung nur das **negative**
Vorzeichen, so wird $$z\,\frac{dz}{dy} = -\frac{1 + z^2}{y};$$

$$-\frac{z\,dz}{1 + z^2} = \frac{dy}{y}; \quad \ln\left(\frac{y}{k}\right) = -\frac{1}{2}\ln(1 + z^2); \quad \frac{y}{k} = \frac{1}{\sqrt{1 + z^2}}; \quad 1 + z^2 = \frac{k^2}{y^2};$$

$$z = \pm\sqrt{\frac{k^2}{y^2} - 1} = \pm\frac{\sqrt{k^2 - y^2}}{y}; \quad \pm\frac{y\,dy}{\sqrt{k^2 - y^2}} = dx;$$

$$x - x_0 = \pm\int\frac{y\,dy}{\sqrt{k^2 - y^2}} = \mp\sqrt{k^2 - y^2}, \text{ also } (x - x_0)^2 = k^2 - y^2;$$

$(x - x_0)^2 + y^2 = k^2$. Das ist die Gleichung eines Kreises, dessen Mittel=
punkt auf der Abszissenachse liegt. Daß diese Kurve die verlangte
Eigenschaft hat, ist aus der Elementargeometrie klar, von der Kettenlinie
wurde sie früher (D. S. 98) nachgewiesen.

Allgemein wird die Gleichung $y'' = f(y', y)$ derart behandelt, daß
man $\dfrac{dy}{dx} = z$ setzt. Dann ist $\dfrac{d^2y}{dx^2} = \dfrac{dz}{dy}\cdot z$; also $z\,\dfrac{dz}{dy} = f(z, y)$. Diese

Gleichung integriert man, d. h. man bestimmt $z = \varphi(y, k)$; dann ist
$\dfrac{dy}{\varphi(y, k)} = dx$. Durch Integration erhält man jetzt die gesuchte Be=
ziehung zwischen x und y.

Aufgaben.

139. Bei welcher Kurve ist der Krümmungsradius doppelt so groß
wie die Normale?

140. $y'' = y'(y + a)$. **141.** $y'' = \dfrac{(y')^2\,y}{1 + y^2}$. **142.** $y'' = (y')^3\,\ln y$.

VII. Lineare Differentialgleichungen zweiter Ordnung.

Von der verkürzten linearen Differentialgleichung zweiter Ordnung

(1) $y'' + X_1 y' + X_2 y = 0$ (vgl. S. 14; verkürzt, weil das Glied X fehlt) seien zwei verschiedene partikuläre Lösungen, y_1 und y, bekannt. Es ist also (2) $y_1'' + X_1 y_1' + X_2 y_1 = 0$ und (3) $y_2'' + X_1 y_2' + X_2 y_2 = 0$. Multipliziert man (2) mit k_1, (3) mit k_2 (k_1 und k_2 sind willkürliche Konstanten) und addiert, so ergibt sich

$$(k_1 y_1 + k_2 y_2)'' + X_1 (k_1 y_1 + k_2 y_2)' + X_2 (k_1 y_1 + k_2 y_2) = 0.$$

Es ist also auch $y = k_1 y_1 + k_2 y_2$ eine Lösung der vorgelegten Gleichung, und zwar die vollständige, da sie zwei willkürliche Konstanten enthält. Durch Spezialisierung erhält man aus ihr die partikulären Lösungen; für $k_1 = 1$, $k_2 = 0$ wird $y = y_1$; für $k_1 = 0$, $k_2 = 1$ wird $y = y_2$. So ist z. B. in $y'' + \alpha^2 y = 0$ eine partikuläre Lösung $y_1 = \sin \alpha x$, eine andere $y_2 = \cos \alpha x$, die vollständig $y = m \cos \alpha x + n \sin \alpha x$ (Beispiel 30).

A. Verkürzte lineare Differentialgleichungen mit konstanten Koeffizienten.

Es sei vorausgesetzt, daß die Koeffizienten konstant seien, $X_1 = a$, $X_2 = b$, also $y'' + ay' + by = 0$. Wäre das Problem von der ersten Ordnung, $y' + ay = 0$, so wäre $y = e^{-ax}$ eine partikuläre Lösung; wir versuchen, ob hier vielleicht $y = e^{cx}$ bei passender Wahl von c die vorgelegte Gleichung befriedigt. Führt man die Differentiationen aus, so ergibt sich $c^2 e^{cx} + a c e^{cx} + b e^{cx} = 0$; $e^{cx} (c^2 + ac + b) = 0$. Da e^{cx} für endliche Werte von x nicht verschwinden kann, so muß $c^2 + ac + b = 0$ sein. Unser Ansatz ist richtig, wenn wir c aus dieser quadratischen Gleichung bestimmen.

Beispiel 35. $y'' - 3 y' + 2y = 0$.

Wir setzen $y = e^{cx}$ und finden $e^{cx}(c^2 - 3c + 2) = 0$, also entweder $c = 1$ oder $c = 2$. Da e^x und e^{2x} partikuläre Lösungen sind, so ist nach dem vorigen Satze die allgemeine Lösung $y = k_1 e^x + k_2 e^{2x}$.

Beispiel 36. $y'' + y = 0$. Man findet $c^2 + 1 = 0$, $c = \pm\sqrt{-1} = \pm i$, also $y = k_1 e^{ix} + k_2 e^{-ix}$. Es ist aber $e^{ix} = 1 + \dfrac{ix}{1!} + \dfrac{i^2 x^2}{2!} + \dfrac{i^3 x^3}{3!}$

$+ \dfrac{i^4 x^4}{4!} \cdots$; $i^2 = -1$; $i^3 = i \cdot i^2 = -i$; $i^4 = i^2 \cdot i^2 = +1$; $i^5 = i^4 \cdot i$

$=i;\ i^6=i^4\cdot i^2=-1$ usf., also $e^{ix}=1-\dfrac{x^2}{2!}+\dfrac{x^4}{4!}\mp\cdots+i\left(\dfrac{x}{1!}-\dfrac{x^3}{3!}\pm\cdots\right)$

$=\cos x+i\sin x$ und entsprechend $e^{-ix}=\cos x-i\sin x$. Die allgemeine Lösung wird $y=k_1(\cos x+i\sin x)+k_2(\cos x-i\sin x)$ $=(k_1+k_2)\cos x+i(k_1-k_2)\sin x$. Führt man neue Konstanten ein, nämlich $k_1+k_2=m;\ i(k_1-k_2)=n$, so ergibt sich, wie in Beispiel 30, $y=m\cos x+n\sin x$.

Beispiel 37. $y''-4y'+5y=0;\ c^2-4c+5=0;\ c_1=2+i;$ $c_2=2-i,\ y=k_1\,e^{(2+i)x}+k_2\,e^{(2-i)x}=k_1\,e^{2x}\cdot e^{ix}+k_2\,e^{2x}\,e^{-ix}$
$$=k_1\,e^{2x}(\cos x+i\sin x)+k_2\,e^{2x}(\cos x-i\sin x);$$
$y=(k_1+k_2)\,e^{2x}\cos x+i(k_1-k_2)\,e^{2x}\sin x=m\,e^{2x}\cos+n\,e^{2x}\sin x.$

Beispiel 38. Bei einer elastischen Schwingung wirke außer der elastischen Kraft noch eine Dämpfungskraft (z. B. der Luftwiderstand), welche der augenblicklichen Geschwindigkeit proportional ist. Wie verläuft die Bewegung?

Es ist, wenn wir die Bezeichnungen der Aufgabe 134 annehmen, $\dfrac{d^2x}{dt^2}=-k^2x-l\dfrac{dx}{dt}$; l ist der konstante Proportionalitätsfaktor der Bremswirkung. Wir setzen $x=e^{ct}$ und erhalten $c^2+lc+k^2=0$, also $c_1=-\dfrac{l}{2}+\sqrt{\dfrac{l^2}{4}-k^2};\ c_2=-\dfrac{l}{2}-\sqrt{\dfrac{l^2}{4}-k^2}.$

1. Fall. $\dfrac{l^2}{4}-k^2$ ist positiv $=+\gamma^2$, dann sind c_1 und c_2 reelle Zahlen; $x=k_1\,e^{c_1t}+k_2\,e^{c_2t}=k_1\,e^{-\frac{lt}{2}+\gamma t}+k_2\,e^{-\frac{lt}{2}-\gamma t}=$
$e^{-\frac{lt}{2}}[k_1\operatorname{Cof}\gamma t+k_1\operatorname{Sin}\gamma t+k_2\operatorname{Cof}\gamma t-k_2\operatorname{Sin}\gamma t];\ x=e^{-\frac{lt}{2}}[m\operatorname{Cof}\gamma t+n\operatorname{Sin}\gamma t]$, wenn $k_1+k_2=m,\ k_1-k_2=n$ gesetzt wird. Soll für $t=0$ der Ausschlag $x=0$ sein, so ist $m=0;\ x=n\,e^{-\frac{lt}{2}}\operatorname{Sin}\gamma t$; soll für $t=0$ auch $v=v_0$ sein, so ist $n\left[-\dfrac{l}{2}\,e^{-\frac{lt}{2}}\operatorname{Sin}\gamma t+\gamma\,e^{-\frac{lt}{2}}\operatorname{Cof}\gamma t\right]_{t=0}$
$=v_0$, also $n\gamma=v_0;\ n=\dfrac{v_0}{\gamma};\ x=\dfrac{v_0}{\gamma}\,e^{-\frac{lt}{2}}\operatorname{Sin}\gamma t.$

2. Fall. $\dfrac{l^2}{4}-k^2$ sei negativ, $=-\gamma^2$, dann sind c_1 und c_2 konjugiert komplex. $x=k_1e^{-\frac{lt}{2}+\gamma it}+k_2e^{-\frac{lt}{2}-\gamma it}=e^{-\frac{lt}{2}}(k_1\cos\gamma t$
$+ik_1\sin\gamma t+k_2\cos\gamma t-ik_2\sin\gamma t);\ x=e^{-\frac{lt}{2}}(m\cos\gamma t+n\sin\gamma t).$

Soll x für $t = 0$ verschwinden, so muß $m = 0$ sein; $x = n\,e^{-\frac{lt}{2}}\sin\gamma t$; soll v für $t = 0$ den Wert v_0 annehmen, so muß $n\gamma = v_0$ sein;

$$x = \frac{v_0}{\gamma}\,e^{-\frac{lt}{2}}\sin\gamma t.$$

Die Bewegung ist er periodisch (vgl. D. S. 59), im ersten Fall nicht.

3. Fall $\frac{l^2}{4} - k^2 = 0$. Jetzt wird $c_1 = c_2$ und unser Verfahren, welches die Verschiedenheit der partikulären Integrale forderte, ist hier nicht anwendbar.

Für einen kleinen Wert von γ geht die allgemeine Lösung in Fall 1 und 2 über in $x = e^{-\frac{lt}{2}}\,[m + n\gamma\,t]$ (Reihenentwicklung!). Läßt man γ sehr klein und gleichzeitig n sehr groß werden, so kann man für $n\gamma$ im Grenzfall die neue willkürliche Konstante n_1 einführen und hat für $\gamma = 0$

$$x = e^{-\frac{lt}{2}}\,(m + n_1\,t).$$

Bei unsern Anfangsbedingungen erhält man schließlich $x = v_0\,t\,e^{-\frac{lt}{2}}$. Die Bewegung ist aperiodisch wie in Fall 1.

Aufgaben.

143. Man zeichne das Zeit-Weg-Diagramm der gedämpften Schwingungen, wenn $v_0 = 10$ cm/sec, $k = 1$, und l der Reihe nach $1{,}6$; 2; $2{,}5$ ist.

144. Wie wird eine elastische Bewegung durch eine konstante Kraft K (z. B. die Reibung zwischen festen Körpern) beeinflußt?

145. Ein Körper überschreitet, von links kommend, zur Zeit $t = 0$ mit der Geschwindigkeit v_0 den Anfangspunkt des Koordinatensystems. Seine Bewegungsart entspricht der vorigen Aufgabe. Welche Grenzen hat seine Bewegung und wann werden sie erreicht? (Beispiel $v_0 = 10$, $k = 1$, $L = 2$).

146. Man verfolge den Weg des Körpers und seine Geschwindigkeit, von der linken Ruhelage ausgehend, so lange, bis er wieder seine linke Ruhelage erreicht.

Wir sehen aus den letzten Aufgaben, daß sich eine lineare Differentialgleichung von der Form $y'' + a y' + b y = c$ stets auf den einfacheren Fall, daß die rechte Seite verschwindet, zurückführen läßt.

Es ist $y'' + ay' + b\left(y - \dfrac{c}{b}\right) = 0$; setzt man $y - \dfrac{c}{b} = z$, so wird $y' = z'$, $y'' = z''$, also $z'' + az' + bz = 0$.

So tritt bei der Berechnung der Festigkeit von Röhren unter äußerem Überdruck (Föppl, Festigkeitslehre) die Gleichung auf

$$E\Theta\,\frac{d^2y}{dx^2} = M_0 + pcy_0 - \left(pc + \frac{E\Theta}{c^2}\right)y.$$

Außer x, y und y'' sind hierin alle Größen konstant. Es sei $\left(pc + \dfrac{E\Theta}{c^2}\right) : E\Theta = b$; $(M_0 + pcy_0) : E\Theta = c$. Dadurch wird die vorgelegte Gleichung auf die Form $y'' + by = c$ gebracht; $z = y - \dfrac{c}{b}$; $z'' + bz = 0$; $z = A\sin\sqrt{b}\,x + B\cos\sqrt{b}\,x$,

$$y = \frac{c}{b} + z, \text{ mithin } y = \frac{M_0 + pcy_0}{pc + \dfrac{E\Theta}{c^2}} + A\sin\sqrt{b}\,x + B\cos\sqrt{b}\,x.$$

Verkürzte lineare Differentialgleichungen mit veränderlichen Koeffizienten.

Beispiel 39. Bei der Berechnung dickwandiger Röhren kommt die Differentialgleichung $x^2\dfrac{d^2u}{dx^2} + x\dfrac{du}{dx} - u = 0$ vor. (Föppl.)

Statt ihrer untersuchen wir die Gleichung erster Ordnung $x\dfrac{du}{dx} - u = 0$ oder besser die allgemeinere $x\dfrac{du}{dx} = ru$, wobei r eine beliebige Konstante sei. Hier ist $\dfrac{du}{u} = \dfrac{r\,dx}{x}$, also $ln\,u = r\,ln\,x + ln\,k$; $u = kx^r$, speziell $u = x^r$. Wir prüfen, ob sich diese Annahme vielleicht auch hier bewährt. Aus $u = x^r$ folgt $u' = rx^{r-1}$; $u'' = r(r-1)x^{r-2}$; man erhält beim Einsetzen $x^2 r(r-1)x^{r-2} + xrx^{r-1} - x^r = 0$, also, wenn man durch x^r kürzt, $r(r-1) + r - 1 = 0$; $r^2 - 1 = 0$; $r_1 = +1$, $r_2 = -1$. Es ist daher sowohl x wie $\dfrac{1}{x}$ eine partikuläre Lösung, die allgemeine ist nach S. 74

$$y = k_1 x + \frac{k_2}{x}.$$

Aufgaben.

147. Bei der Berechnung kugelförmiger Gefäße (Föppl) erhält man $x^2\dfrac{d^2u}{dx^2} + 2x\dfrac{du}{dx} - 2u = 0$. Wie heißt die allgemeine Lösung?

148. $x^2\dfrac{d^2y}{dx^2} + 9x\dfrac{dy}{dx} + 12y = 0.$

Beispiel 40. $x^2 \dfrac{d^2 y}{dx^2} + 5x \dfrac{dy}{dx} + 4y = 0.$

Wir setzen $y = x^r$ und erhalten die Gleichung $r(r-1) + 5r + 4 = 0$. Sie hat die Doppelwurzel $r = -2$; $y = \dfrac{k_1}{x^2}$ ist zwar eine Lösung, aber nicht die allgemeine da, diese zwei willkürliche Konstanten enthalten muß. Wir nehmen an, daß unsere Gleichung für r aus einer von ihr wenig verschiedenen entstanden sei, welche die Lösungen $r_1 = -2 + h$, $r_2 = -2 - h$ lieferte, wobei h eine kleine Zahl bedeuten möge. Dann ist $y = \dfrac{k_1}{x^{2-h}} + \dfrac{k_2}{x^{2+h}} = \dfrac{1}{x^2}(k_1 x^{+h} + k_2 x^{-h}).$

Es ist $x^h = e^{h \ln x}$, $x^{-h} = e^{-h \ln x}$. Der Klammerausdruck wird, wenn man (wegen des kleinen $\pm h$) nur die beiden ersten Glieder der Reihenentwicklung benutzt (D. S. 70) $k_1 x^h + k_2 x^{-h} = k_1(1 + h \ln x) + k_2(1 - h \ln x) = (k_1 + k_2) + \ln x (k_1 - k_2) h.$ Ist h noch so klein, immer kann $k_1 - k_2$ so bestimmt werden, daß $(k_1 - k_2)h$ endlich bleibt, es müssen nur k_1 und k_2 groß und von entgegengesetztem Vorzeichen angenommen werden. Stets kann man es dann einrichten, daß $k_1 + k_2$ endlich bleibt (als Differenz großer Zahlen), wenn die absoluten Werte von k_1 und k_2 sich nur um einen endlichen Betrag unterscheiden. Ist z. B. $h = \dfrac{1}{1\,000\,000}$, $k_1 = 500\,002$, $k_2 = -500\,000$, so ist $h(k_1 - k_2) \sim 1$, $k_1 + k_2 = 2$. Es ist also $y \approx \dfrac{1}{x^2}(A + B \ln x)$, wenn man $k_1 + k_2 = A$, $(k_1 - k_2)h = B$ setzt. Im Grenzfall $(h = 0)$ erhält man als allgemeines Integral $y = \dfrac{1}{x^2}(A + B \ln x)$. Man kann durch Einsetzen in die gegebene Gleichung leicht die Richtigkeit bestätigen.

Aufgabe.

149. $x^2 \dfrac{d^2 y}{dx^2} + ax \dfrac{dy}{dx} + by = 0.$

Wir hätten auch anders vorgehen können, um in Beispiel 40 die allgemeine Lösung y zu finden, wenn die partikuläre $y_1 = \dfrac{1}{x^2}$ bekannt war. Es ist $x^2 y'' + 5xy' + 4y = 0$ und ebenso
$$x^2 y_1'' + 5xy_1' + 4y_1 = 0.$$
Multipliziert man die obere Gleichung mit y_1, die untere mit $-y$ und addiert sie, so ist $x^2(y'' y_1 - y_1'' y) + 5x(y' y_1 - y_1' y) = 0.$

Wir setzen $y'y_1 - y_1'y = u$, dann ist $u' = (y''y_1 + y'y_1') - (y_1''y + y_1'y') = y''y_1 - y_1''y$, daher erhalten wir

$$x^2 u' + 5xu = 0 \text{ oder } x\frac{du}{dx} + 5u = 0; \quad \frac{du}{u} = -\frac{5\,dx}{x};$$

$$ln\, u = -5\, ln\, x + ln\, c_1; \quad u = \frac{c_1}{x^5}.$$

Anderseits ist $\dfrac{d}{dx}\left(\dfrac{y}{y_1}\right) = \dfrac{y'y_1 - y_1'y}{y_1{}^2} = \dfrac{u}{y_1{}^2}; \quad \dfrac{d}{dx}\left(\dfrac{y}{y_1}\right) = \dfrac{c_1}{x^5} : \dfrac{1}{x^4} = \dfrac{c_1}{x};$

$$\frac{y}{y_1} = c_1\, ln\, x + c_2; \quad y = \frac{1}{x^2}(c_2 + c_1\, ln\, x).$$

Schreibt man A statt c_2 und B statt c_1, so hat man das frühere Ergebnis. Das eben geschilderte Verfahren läßt sich auf jede verkürzte lineare Differentialgleichung zweiter Ordnung anwenden, es setzt nur voraus, daß ein partikuläres Integral bekannt ist.

150. Man führe den Gedankengang der letzten Bemerkung bei der Differentialgleichung $y'' + X_1\, y' + X_2\, y = 0$ durch, in welcher X_1 und X_2 gegebene Funktionen von x sind; y_1 sei eine bekannte Partikularlösung.

C. Vollständige lineare Differentialgleichungen.

Beispiel 41. Auf einen elastisch schwingenden Körper (Aufgabe 134) wirkt eine periodisch an- und abschwellende Kraft (z. B. die Luftschwingungen, welche eine Stimmgabel erzeugt). Es soll seine Bewegung untersucht werden. (Erzwungene Schwingungen.)

Die von dem fremden Körper herrührende Zusatzbeschleunigung ist von der Form $l^2 \sin \lambda t$, wobei die Konstante l^2 die Stärke und λ die Periode charakterisiert; nach der Zeit $\dfrac{2\pi}{\lambda}$ wiederholt sich der Vorgang, welcher die ursprüngliche Bewegung beeinflußt. Es ist

$$x'' = -k^2 x + l^2 \sin \lambda\, t; \quad x'' + k^2 x = l^2 \sin \lambda\, t.$$

Es liegt nahe, an die Lagrangesche Variation der Konstanten zu denken, welche die Lösung unverkürzter linearer Differentialgleichungen erster Ordnung gestattete. Wäre in unserem Falle die rechte Seite gleich 0, so könnten wir das Ergebnis sofort hinschreiben; die Gleichung $x'' + k^2 x = 0$ hat die Lösung $x = m \cos kt + n \sin kt$. m und n fassen wir jetzt aber nicht mehr als Konstanten auf, sondern als Funktionen von t, die so bestimmt werden sollen, daß y der unverkürzten Gleichung genügt. Dazu genügt es aber, wenn nur eine dieser Größen variiert wird; rechnen wir mit beiden, so können wir ihnen noch eine beliebige Bedingung vorschreiben, ohne daß die Rechnung an Allgemeinheit einbüßt. Jetzt ist (1) $x = m \cos kt + n \sin kt$,

$$x' = m' \cos kt - m k \sin kt + n' \sin kt + n k \cos kt.$$

(Der Strich bedeutet die Ausführung der Differentiation nach t.)

Machen wir jetzt von unserm Recht Gebrauch! Wir schreiben vor:

$$(2) \qquad m' \cos kt + n' \sin kt = 0.$$

Dann vereinfacht sich x' auf den Ausdruck

$$(3) \qquad x' = - m k \sin kt + n k \cos kt.$$

$$(4) \quad x'' = - m' k \sin kt - m k^2 \cos kt + n' k \cos kt - n k^2 \sin kt.$$

Jetzt setzen wir (4) und (1) in die gegebene Differentialgleichung ein

$$- m' k \sin kt - m k^2 \cos kt + n' k \cos kt - n k^2 \sin kt + m k^2 \cos kt + n k^2 \sin kt = l^2 \sin \lambda t$$

$$(5) \qquad - m' \sin kt + n' \cos kt = \frac{l^2}{k} \sin \lambda t.$$

Aus (2) und (5) finden wir m' und n'. Wir multiplizieren (2) mit $\cos kt$, (5) mit $- \sin kt$ und addieren, dann erhält man (6) $m' = - \dfrac{l^2}{k} \sin \lambda t \sin kt$. Wählt man $\sin kt$ und $\cos kt$ als Faktoren, so entsteht $n' = \dfrac{l^2}{k} \sin \lambda t \cos kt$.

$$m' = \frac{l^2}{2k} [\cos (\lambda + k) t - \cos (\lambda - k) t]$$

$$n' = \frac{l^2}{2k} [\sin (\lambda + k) t + \sin (\lambda - k) t], \quad \text{also}$$

$$(6) \qquad m = \frac{l^2}{2k} \left[\frac{\sin (\lambda + k) t}{\lambda + k} - \frac{\sin (\lambda - k) t}{\lambda - k} \right] + A$$

$$(7) \qquad n = \frac{l^2}{2k} \left[- \frac{\cos (\lambda + k) t}{\lambda + k} - \frac{\cos (\lambda - k) t}{\lambda - k} \right] + B$$

A und B sind Integrationskonstanten. Diese Werte sind in (1) einzutragen.

$$x = \frac{l^2}{2k} \left[\frac{\sin (\lambda + k) t \cos kt - \cos (\lambda + k) t \sin kt}{\lambda + k} \right.$$

$$\left. - \frac{\sin (\lambda - k) t \cos kt + \cos (\lambda - k) t \sin kt}{\lambda - k} \right] + A \cos kt + B \sin kt.$$

Wendet man wie oben die Formeln $\sin (\alpha \pm \beta)$ an, so erhält man

$$x = \frac{l^2}{2k} \left[\frac{\sin \lambda t}{\lambda + k} - \frac{\sin \lambda t}{\lambda - k} \right] + A \cos kt + B \sin kt.$$

Der Inhalt der eckigen Klammer ist $\sin \lambda t \left[\dfrac{1}{\lambda + k} - \dfrac{1}{\lambda - k} \right] = - \dfrac{2 k \sin \lambda t}{\lambda^2 - k^2}$, daher

$$(8) \qquad x = -\frac{l^2}{\lambda^2 - k^2} \sin \lambda\, t + A \cos k t + B \sin k t.$$

Ist allgemein die Gleichung

$$(a) \qquad \frac{d^2 y}{d x^2} + X_1 \frac{d y}{d x} + X_2\, y = X_3$$

gegeben, so löst man zuerst die verkürzte Gleichung

$$(b) \qquad \frac{d^2 y}{d x^2} + X_1 \frac{d y}{d x} + X_2 y = 0; \text{ sie liefert (vgl. S. 74)}$$

(c) $y = m f(x) + n \varphi(x)$. Jetzt faßt man m und n nicht mehr als Konstanten, sondern als passend zu bestimmende Funktionen von x auf:

$$y' = m' f + m f' + n' \varphi + n \varphi', \text{ und setzt}$$

(d) $\qquad m' f + n' \varphi = 0$, so daß

(e) $\qquad y' = m f' + n \varphi'$ wird. Hieraus folgt

(e_1) $y'' = m' f' + m f'' + n' \varphi' + n \varphi''$. Durch Einsetzen in (b) entsteht $m f'' + n \varphi'' + m' f' + n' \varphi' + X_1 m f' + X_1 n \varphi' + X_2 m f + X_2 n \varphi = X_3$.

(f) $(m f'' + n \varphi'' + X_1 m f' + X_1 n \varphi' + X_2 m f + X_2 n \varphi) + m' f' + n' \varphi' = X_3$. Da aber (c) die Lösung von (b) darstellt, so ist der Ausdruck, den man erhält, wenn man (c) in (b) einsetzt, gleich 0; in (f) verschwindet die Klammer, und m' und n' können aus den Gleichungen

(d) $\qquad m' f + n' \varphi = 0$

(f) $m' f' + n' \varphi' = X_3$ bestimmt werden. Ist dies geschehen, so bildet man durch Integration m und n, setzt die Werte in (c) ein und hat die vollständige Lösung von (a).

Aufgaben.

151. In Beispiel 41 werde die periodische Störung durch eine beliebige ersetzt. Wie lautet die zugehörige Differentialgleichung und ihre Lösung? **152.** $y'' + 10 y' + 16 y = e^x$.

153. $y'' + 2 a y' + b^2 y = e^{hx}$; b sei von a verschieden.

154. a und b in Aufgabe 153 seien gleich.

155. Bei der Berechnung der Lavalschen Dampfturbine kommt die Gleichung $\frac{m}{c} \frac{d^2 x}{d t^2} + x = - e \cos u t$ vor; wie heißt ihre allgemeine Lösung? **156.** $\frac{m}{c} y'' + y = - e \sin u t$.

Wenn von einer unverkürzten linearen Differentialgleichung $y'' + X_1 y' + X_2 y = X_3$ ein partikuläres Integral y_1 bekannt ist, so führt die Aufsuchung des allgemeinen auf eine verkürzte Differentialgleichung. Es ist dann nämlich

$$y'' + X_1 y' + X_2 y = X_3,$$
$$y_1'' + X_1 y_1' + X_2 y_1 = X_3.$$

Durch Subtraktion ergibt sich $(y - y_1)'' + X_1 (y - y_1)' + X_2 (y - y_1) = 0$. Ist hieraus $y - y_1 = f(x)$ bestimmt, so ist das allgemeine Integral $y = f(x) + y_1$.

157. Von der Differentialgleichung $y'' + ay = - bx$ nimmt man an, daß $y_1 = cx$ bei passender Wahl von c ein partikuläres Integral sei. Die Vermutung soll geprüft werden, und, wenn sie sich bestätigt, soll das allgemeine Integral angegeben werden.

158. Man versuche die Gleichung $x^2 \dfrac{d^2 \varphi}{dx^2} + x \dfrac{d\varphi}{dx} - \varphi = - Nx^3$

(Theorie der kreisförmigen Platte) ähnlich zu behandeln. Vermutung $\varphi_1 = cx^3$.

VIII. Näherungsmethoden für Differential-gleichungen zweiter Ordnung.

A. Entwicklung durch Potenzreihen.

Das auf S. 53 dargelegte Verfahren läßt sich ohne weiteres auf Differentialgleichungen zweiter Ordnung anwenden.

Beispiel 42. $\dfrac{d^2 y}{dx^2} + \dfrac{1}{x}\dfrac{dy}{dx} + y = 0$. Wir versuchen die Lösung durch den Ansatz $y = a + bx + cx^2 + ex^3 + fx^4 + gx^5 + \cdots$. Dann ist $y' = b + 2cx + 3ex^2 + 4fx^3 + 5gx^4 + \cdots$. $y'' = 2c + 6ex + 12fx^2 + 20gx^3 + 30hx^4 + \cdots$. Faßt man die gleichhohen Potenzen zusammen und ordnet, so erhält man $y'' + \dfrac{1}{x}y' + y = \dfrac{b}{x}$ $+ (2c + 2c + a) + (6e + 3e + b)x + (12f + 4f + c)x^2 + (20g + 5g + e)x^3 + (30h + 6h + f)x^4 + \cdots$. Da dieser Ausdruck identisch verschwinden soll, so müssen alle Koeffizienten $= 0$ sein; also $b = 0$; $c = -\tfrac{1}{4}a$; $e = -\tfrac{1}{9}b = 0$; $f = -\tfrac{1}{16}c = +\tfrac{1}{64}a$; $g = -\tfrac{1}{25}e = 0$; $h = -\tfrac{1}{36}f = -\tfrac{1}{2304}a \cdots$.

$$y = a\left(1 - \frac{x^2}{2^2} + \frac{x^4}{2^2 \cdot 4^2} - \frac{x^6}{2^2 \cdot 4^2 \cdot 6^2} \pm \cdots \right) \text{ (Besselsche Zylinder-}$$
funktionen.)

Aufgaben.

159. $y'' = x^2 y$.　160. $xy'' + y' + y = 0$.

B. Lösung durch die Simpsonsche Formel.

Es sei eine Differentialgleichung von der Form $y'' = \varphi(y', y, x)$ gegeben, welche als Konstanten nur bestimmte Zahlen, keine Buchstaben (a, b, $c \cdots$) enthalte. Wenn sie allen Versuchen, ihre Lösung „exakt" nach den bisherigen oder andern Methoden zu finden, Trotz bietet, so können wir sie durch die Simpsonsche Regel mit beliebiger Genauigkeit näherungsweise integrieren. Das Verfahren unterscheidet sich von dem auf S. 55 f. geschilderten nur dadurch, daß noch eine zweite Integration notwendig ist; diese macht aber gar keine Schwierigkeiten.

Es sei für einen Wert von x, nämlich für $x = a$ der Wert von y, $y = b$ und der von y' ($= c$) gegeben. Dann ist $(y'')_{x=a} = \varphi(c, b, a)$, also bekannt ($= d$). Wir wählen ein passendes Intervall w für die X Achse aus und suchen zunächst die Werte für $x = a + \frac{1}{2}w$; sie seien bezeichnet mit $y_{1/2}$, $y_{1/2}'$, $y_{1/2}''$. Die letzte Größe wird extrapoliert; in den meisten Fällen ist man zu der Annahme berechtigt, daß sie nahezu gleich $(y'')_{x=a}$, also gleich d ist. Dann ist $y_{1/2}'$

$$= c + \int_{a}^{a+\frac{1}{2}w} y'' \, dx \approx c + \frac{w}{4}(d + y_{1/2}'') \quad \text{(Trapezregel!)}. \text{ Ferner ist } y_{1/2} =$$

$$= b + \int_{a}^{a+\frac{1}{2}w} y' \, dx \approx b + \frac{w}{4}(c + y_{1/2}').$$ Mit den so gefundenen Näherungs-
werten von $y_{1/2}'$ und $y_{1/2}$ läßt sich $y_{1/2}''$ genauer berechnen; es ist $y_{1/2}'' = \varphi(y_{1/2}', y_{1/2}, a + \frac{1}{2}w)$. Jetzt wiederholt man das Verfahren, bis eine neue Wiederholung keine Verbesserung mehr bringt.

Durch Extrapolation findet man nun für $x = a + w$ den Wert y_1''.

Dann ist $y_1' = c + \int_{a}^{a+w} y'' \, dx$, also nach der Simpsonschen Regel $y_1' \approx$

$$\approx c + \frac{w}{6}[d + y_1'' + 4y_{1/2}''] \text{ und } y_1 = b + \int_{a}^{a+w} y' \, dx \approx b + \frac{w}{6}[c + y_1'$$

$$+ 4y_{1/2}'].$$ Aus diesen Näherungswerten bestimmt man $y_1'' = \varphi(y_1', y_1, x_1)$ genauer und wiederholt das Verfahren genügend oft.

6*

Man extrapoliert für $x = a + 2w$ den Wert y_2''. Darauf hat man

$$y_2' = c + \int_a^{a+2w} y'' \, dx \approx c + \frac{w}{3}[d + y_2'' + 4y_1'']; \quad y_2 = b + \int_a^{a+2w} y' \, dx =$$

$b + \frac{w}{3}[c + y_2' + 4y_1']$; y_2'' wird genauer als vorher berechnet; $y_2'' = \varphi(y_2', y_2, a + 2w)$. Dann geht man das Rechenschema bis zur völligen Übereinstimmung durch.

Jetzt wird y_3'' extrapoliert ($x = a + 3w$). Dann ist $y_3' =$

$$y_1' + \int_{a+w}^{a+3w} y'' \, dx \approx y_1' + \frac{w}{3}[y_1'' + y_3'' + 4y_2'']; y_3 = y_1 + \int_{a+w}^{a+3w} y' \, dx \approx y_1 +$$

$+ \frac{w}{3}[y_1' + y_3' + 4y_2']$; der genauere Wert von y_3'' ist gleich $\varphi(y_3', y_3, a + 3w)$. Der weitere Gang verläuft entsprechend.

Beispiel 43. Ein Sekundenpendel (Aufgabe 127) wird so hoch gehoben, daß die Pendelstange wagerecht liegt. Dann läßt man es, ohne ihm eine Anfangsgeschwindigkeit zu erteilen, fallen. Der Verlauf der Bewegung soll verfolgt werden.

Die in Beispiel 31 (S. 66 f.) abgeleitete Differentialgleichung $\varphi'' = -\frac{g}{l} \sin \varphi$ gilt auch hier, es ist aber nicht mehr gestattet, $\sin \varphi = \varphi$ zu setzen. Da das Pendel bei kleinen Ausschlägen zu einer Schwingung eine Sekunde braucht, so ist $\pi \sqrt{\dfrac{l}{g}} = 1$, $\frac{g}{l} = \pi^2$, also

$$\varphi'' = -\pi^2 \sin \varphi = -9{,}8696 \sin \varphi.$$

Für $t = 0$ ist $\varphi = -90^0 = -\frac{\pi}{2}$, $\varphi' = 0$ (da die Anfangsgeschwindigkeit $s' = l\varphi' = 0$ ist), φ'' ist $+ 9{,}8696$.

Als Intervall wählen wir den zehnten Teil einer Sekunde; $w = 0{,}1$; $\frac{1}{2}w = 0{,}05$. Wir extrapolieren $\varphi_{1/2}'' = 9{,}8696$; dann ist $\varphi_{1/2}' =$

$$0 + \int_0^{0{,}05} \varphi'' \, dt \approx 0{,}025 \, [9{,}8696 + 9{,}8696]; \quad \varphi_{1/2}' = 0{,}4935; \quad \varphi_{1/2} =$$

$$-\frac{\pi}{2} + \int_0^{0{,}05} \varphi' \, dt \approx -1{,}5708 + 0{,}025 \, [0 + 0{,}4935] = -1{,}5585 =$$

$-89^0 \, 17' \, 40''$. Hieraus folgt ein genauerer Wert von $\varphi_{1/2}''$, nämlich

$\varphi_{1/2}'' = -9{,}8696 \sin(-89^0\,17'\,40''); \; \varphi_{1/2}'' = +9{,}8690$. Er liefert die Werte $\varphi_{1/2}' = 0{,}4935; \; \varphi_{1/2} = -1{,}5585 = -89^0\,17'\,40''$. Da dieser Wert schon vorher zur Berechnung von φ'' diente, ist eine weitere Wiederholung unnötig.

φ'' ist von 9,8696 auf 9,8690, also um 0,0006, gefallen; es wird der zu extrapolierende Wert φ_1'' ungefähr 9,8684 sein. Dann ist φ_1'

$$= 0 + \int_0^{0,1} \varphi'' dt = \approx \frac{0{,}1}{6}[9{,}8696 + 9{,}8684 + 4 \cdot 9{,}8690] = 0{,}9869;$$

$$\varphi_1 = -1{,}5708 + \int_0^{0,1} \varphi' \, dt \approx -1{,}5708 + \frac{0{,}1}{6}[0 + 0{,}9869 +$$

$4 \cdot 0{,}4935] = -1{,}5215 = -87^0\,10'\,30''$. Hieraus $\varphi_1'' = 9{,}8577$. Jetzt wird $\varphi_1' = 0{,}9867; \; \varphi_1$ wie vorher. Wiederholung zwecklos. Trotzdem der extrapolierte Wert für φ'' recht ungenau war, führt die Rechnung schnell zum Ziel.

Die weiteren Ergebnisse sind in der folgenden kleinen Tabelle niedergelegt, die man von vornherein sich anlegen kann, wenn man die noch unsicheren Werte erst mit Bleistift hinschreibt und nachher durch die endgültigen, welche mit Tinte eingetragen werden, ersetzt.

t (sec)	φ^0	φ (absolut)	φ'	φ''
0,0	-90^0	$-1{,}5708$	0	9,8696
0,05	$-89^0\,17'\,40''$	$-1{,}5585$	0,4935	9,8690
0,1	$-87^0\,10'\,30''$	$-1{,}5215$	0,9867	9,8577
0,2	$-78^0\,42'\,30''$	$-1{,}3737$	1,9660	9,6785
0,3	$-64^0\,43'\,40''$	$-1{,}1297$	2,9033	8,9250
0,4	$-45^0\,40'\,40''$	$-0{,}7973$	3,7140	7,0609
0,5	$-22^0\,39'\,20''$	$-0{,}3954$	4,2690	3,8016
0,6	$+\ 2^0\,30'\,20''$	$+0{,}0438$	4,4419	$-0{,}4315$
0,7	$+27^0\,25'\,40''$	$+0{,}4787$	4,1867	$-4{,}5462$
0,8	$49^0\,47'\,50''$	0,8691	3,5701	$-7{,}5380$
0,9	$67^0\,54'\,10''$	1,1851	2,7253	$-9{,}1448$
1,0	$80^0\,49'\,20''$	1,4106	1,7747	$-9{,}7433$
1,1	$88^0\,10'\,40''$	1,5390	0,7925	$-9{,}8646$
1,2	$89^0\,53'\,30''$	1,5689	$-0{,}1943$	$-9{,}8696$

(Fig. 29.)

Zur Probe kann man die Differentialgleichung auf beiden Seiten mit

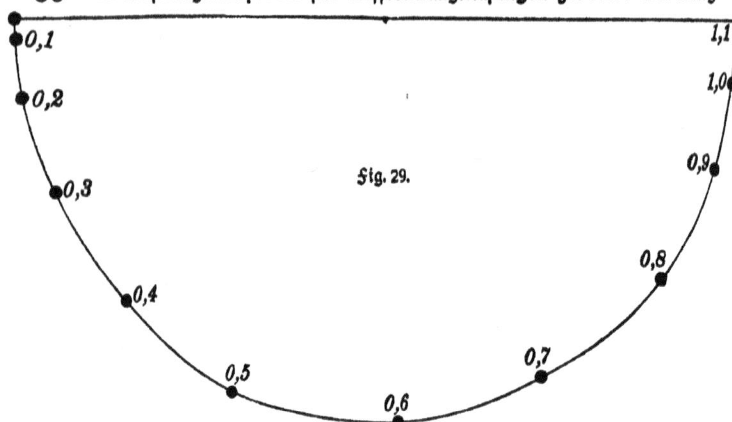

Fig. 29.

φ' multiplizieren und dann integrieren; man erhält $\frac{1}{2}(\varphi')^2 + C = = + \pi^2 \cos\varphi$. Für $t = 0$ ist $\varphi = -90^0$ und $\varphi' = 0$, also muß $C = 0$ sein; $\varphi' = \pi\sqrt{2\cos\varphi}$. Die halbe Schwingungsdauer findet man, wenn man φ als abhängig von t graphisch darstellt (Fig. 30) und feststellt, wann $\varphi = 0$ wird; es geschieht für $t = 0,59$. Mit

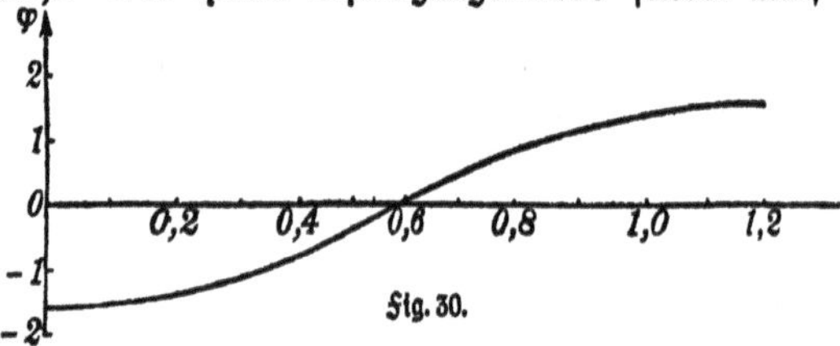

Fig. 30.

einem genaueren Interpolationsverfahren (vgl. v. Sanden, Praktische Analysis) ergibt sich aus den berechneten Werten von φ, daß $t = 0,5902$

ist; es läßt sich zeigen, daß der strenge Wert $= \dfrac{1}{\pi}\displaystyle\int_0^{\frac{\pi}{2}} \dfrac{d\varphi}{\sqrt{1 - \frac{1}{2}\sin^2\varphi}}$

ist; er stimmt mit dem Näherungswert innerhalb der vier Stellen nach dem Komma völlig überein.

Beispiel 44. Die ballistische Kurve. Ein Geschoß verlasse mit der Anfangsgeschwindigkeit v_0 m/sec den Geschützlauf, welcher mit der Horizontalen den Winkel α^0 bildet. (Fig. 31.) Zerlegt man die Bewegung in eine horizontale (x) und eine vertikale (y) Komponente, so wirkt in jedem Punkte der Bahn die Beschleunigung der Schwere mit $g = 9,81$ m/sec² nach unten, also nur auf die vertitale Komponente. Sehen wir vom Luftwiderſtand ab, ſo lauten die Bewegungsgleichungen $\dfrac{d^2x}{dt^2} = 0$ und $\dfrac{d^2y}{dt^2} = -g$ (minus, weil die Beſchleunigung nach unten zieht).

Hieraus ergibt ſich ſofort $x = k\,t + k_1$; $y = -\tfrac{1}{2}g\,t^2 + l\,t + l_1$. Zur Beſtimmung der Integrationskonſtanten k, k_1, l, l_1 beachten wir, daß zur Zeit $t = 0$ das Ge-

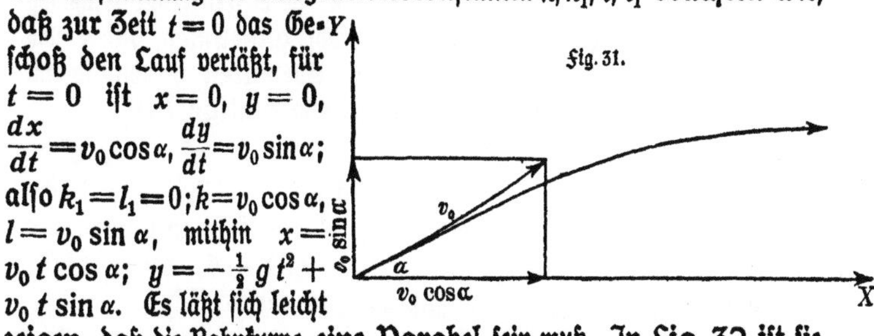

ſchoß den Lauf verläßt, für $t = 0$ iſt $x = 0$, $y = 0$, $\dfrac{dx}{dt} = v_0 \cos \alpha$, $\dfrac{dy}{dt} = v_0 \sin \alpha$; alſo $k_1 = l_1 = 0$; $k = v_0 \cos \alpha$, $l = v_0 \sin \alpha$, mithin $x = v_0\,t \cos \alpha$; $y = -\tfrac{1}{2}g\,t^2 + v_0\,t \sin \alpha$. Es läßt ſich leicht zeigen, daß die Bahnkurve eine Parabel ſein muß. In Fig. 32 iſt ſie für $v_0 = 100$ m/sec, $\alpha = 30^0$ gezeichnet; es iſt die längere der beiden Kurven.

Jetzt wollen wir den Luftwiderſtand berückſichtigen; ſeine Größe

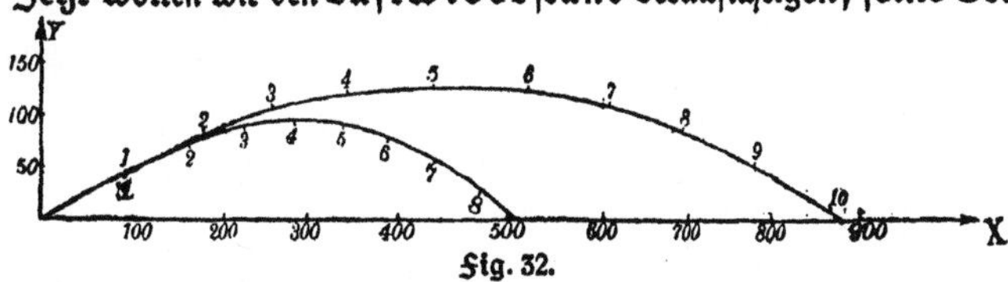

ſei in einem beliebigen Bahnpunkte $= -w$ (negativ wegen der Bremswirkung). Dann iſt ſeine horizontale Komponente $-w \cos \alpha_1$, ſeine vertikale $-w \sin \alpha_1$, wobei α_1 den momentanen Steigungswinkel der Kurve bedeutet. Wir haben $\operatorname{tg} \alpha_1 = \dfrac{dy}{dx}$, $\sin \alpha_1 = \dfrac{dy}{ds}$, $\cos \alpha_1 = \dfrac{dx}{ds}$ (vgl. z. B. Fig. 27), alſo

$$\frac{d^2x}{dt^2} = -w\,\frac{dx}{ds}; \quad \frac{d^2y}{dt^2} = -g - w\,\frac{dy}{ds}.$$

Bei mäßigen Geſchwindigkeiten iſt w der Geſchwindigkeit ſelbſt proportional; $w = k^2\,\dfrac{ds}{dt}$; k^2 iſt eine Naturkonſtante. Bei dieſer Annahme erhalten wir

$$\frac{d^2x}{dt^2} = -k^2\,\frac{ds}{dt}\cdot\frac{dx}{ds} = -k^2\,\frac{dx}{dt}; \quad \frac{d^2y}{dt^2} = -g - k^2\,\frac{dy}{dt}.$$

Setzen wir $k^2 = 0{,}1$; $g = 9{,}81$, ſo haben wir

$$x'' = -0,1\ x'; \quad y'' = -9,81 - 0,1\ y'.$$

Diese Gleichungen sollen numerisch integriert werden. Zu Anfang ist

t	x	x'	x''	y	y'	y''
0	0	86,6	$-8,66$	0	50	$-14,81$

(Rechenschiebergenauigkeit).

Wir wählen als Intervall eine Sekunde, zu Beginn der Rechnung $\frac{1}{2}$ sec. Extrapolieren wir, indem wir zunächst annehmen, daß x'' und y'' nach einer Sekunde ihren Wert noch beibehalten haben, so entsteht für $t = \frac{1}{2}$ die folgende, näherungsweise richtige Reihe

t	x	x'	x''	y	y'	y''
0,5	42,2	82,3	$-8,66$	$23,1_5$	42,6	$-14,81$.

Mit den Näherungswerten für x, x', y, y' ermitteln wir die zweiten Ableitungen genauer. $x'' = -8,23;\ y'' = -9,81 - 4,26 = -14,07$. Legt man diese besseren Werte zugrunde, so ergibt sich

t	x	x'	x''	y	y'	y''
0,5	$42,2_5$	82,4	$-8,23$	23,2	42,8	$-14,07$.

Bei einer nochmaligen Durchrechnung findet man endgültig

t	x	x'	x''	y	y'	y''
0,5	$42,2_5$	82,4	$-8,24$	23,2	42,8	$-14,09$.

Jetzt extrapoliert man die Werte von x'' und y'' für $t = 1,0$ und wendet zur Berechnung von x', x und y', y die Simpsonsche Formel an. Man findet als Endergebnis

t	x	x'	x''	y	y'	y''
0	0	86,6	$-8,66$	0	50	$-14,81$
0,5	$42,2_5$	82,4	$-8,24$	23,2	42,8	$-14,09$
1,0	82,4	$78,3_5$	$-7,83_5$	$42,8_5$	35,9	$-13,40$
2,0	157,0	70,9	$-7,09$	72,3	23,2	$-12,13$
3,0	224,4	$64,1_5$	$-6,41_5$	89,6	11,6	$-10,97$
4,0	285,5	$58,0_5$	$-5,80_5$	95,9	1,2	$-9,93$
5,0	340,7	52,5	$-5,25$	92,3	$-8,3$	$-8,98$
6,0	390,7	47,5	$-4,75$	79,6	$-16,8$	$-8,13$
7,0	435,9	43,0	$-4,30$	58,9	$-24,6$	$-7,35$
8,0	476,8	38,9	$-3,89$	30,7	$-31,5$	$-6,66$
9,0	513,8	35,2	$-3,52$	$-3,9$	$-37,9$	$-6,02$

Die kürzere Kurve in Fig. 32 zeigt, wie wesentlich der Luftwiderstand unter den angenommenen Bedingungen die Bahngestalt beeinflußt.

Es braucht nicht besonders hervorgehoben zu werden, daß das numerische Verfahren auch dann brauchbar ist, wenn für den Luftwiderstand ein anderes Gesetz angenommen wird, z. B. $w = k^2 v^n$, wobei n ein konstanter, passend gewählter Exponent ist (hier war $n = 1$; gewöhnlich setzt man $n = 2$). Die exakte Behandlung wird in den meisten Fällen versagen oder zu sehr komplizierten Formeln führen. In unserm Fall ist

$$x = \frac{v_0 \cos \alpha}{k^2} (1 - e^{-k^2 t}),\ y = -\frac{g t}{k^2} + \frac{1}{k^2} \left(v_0 \sin \alpha + \frac{g}{k^2} \right) (1 - e^{-k^2 t}).$$

Für $t = 9$ erhält man unter Benutzung der angegebenen Werte $x = 513{,}925$; $y = -4{,}032$, wenn man mit sechsstelligen Logarithmen rechnet. Der sehr geringe Unterschied beweist schlagend die Genauigkeit des Näherungsverfahrens. Praktisch ist er ganz bedeutungslos, da die Werte für v_0, α, g und besonders k^2, sowie die Annahme über das Gesetz des Luftwiderstandes viel zu ungenau sind, um die Anwendung einer vielstelligen Tafel erforderlich zu machen.

Sind die Differentialgleichungen von höherer als zweiter Ordnung, so ist die numerische Behandlung auch imstande, sie zu lösen; es ist nur eine weitere Integration erforderlich, da man von y''' schrittweise zu y'', y' und y übergehen muß; das Wesen des Verfahrens bleibt ungeändert.

Die naturwissenschaftlichen Probleme führen in den meisten Fällen auf Differentialgleichungen, die in der Mehrzahl von der zweiten Ordnung sind, da die Kräfte durch zweite Differentialquotienten dargestellt werden. Wir haben eine Reihe von Methoden kennen gelernt, um sie exakt zu behandeln; andere zu bringen verbot der Raum. Da wir aber gesehen haben, daß, wenn die exakten Verfahren versagen, jede konkrete Differentialgleichung mit beliebiger Genauigkeit numerisch gelöst werden kann, mag es sich um die Bewegung der Gestirne oder der Elektronen handeln, so dürfen wir überzeugt sein, daß der moderne Naturforscher den auf ihn eindringenden Problemen gewappnet gegenübersteht.

Lösungen.

1. $p = -\dfrac{a}{v^2} + \dfrac{1 + \frac{1}{273}t}{v - b}$. Für Kohlensäure gilt Fig. 33. Man vergleiche die Kapitel über die kritische Temperatur in physikalischen Lehrbüchern. Die Kurve, welche ihr entspricht, hat einen Wendepunkt, in welchem die Tangente horizontal verläuft. 2. $\dfrac{\partial f}{\partial a} = -2a = 0$, also muß $xy = 0$ sein. Die Achsen sind Enveloppen, die Schnittpunkte benachbarter Kurven liegen aber erst in unendlicher Entfernung.

Fig. 33.

3. Aus $y - \dfrac{(x-a)^3}{m^2} = 0$; $\dfrac{-3(x-a)^2}{m^2} = 0$ folgt $y = 0$. Die Abszissenachse ist die Enveloppe; sie bildet keine Grenzlinie für die Kurvenschar. Bei der Zeichnung der einzelnen Kurven benutzt man zweckmäßig eine Schablone. 4. Als Gleichung einer Geraden findet man $f = x + c^2 y - c = 0$. Es ist $\dfrac{\partial f}{\partial c} = 2cy - 1 = 0$, also $c = \dfrac{1}{2y}$. Durch Einsetzen in die erste Gleichung erhält man $xy = \dfrac{1}{4}$, die Gleichung einer gleichseitigen Hyperbel. Umhüllungskonstruktion (D. S. 48). 5. Eine Gerade der Schar schneidet auf der YAchse das Stück $l\sin\varphi$ ab und bildet mit der positiven XAchse den Winkel $-\varphi$ (Fig. 34); ihre Gleichung ist (1) $y = -x\,\mathrm{tg}\,\varphi + l\sin\varphi$. Durch Differentiation nach dem Parameter φ entsteht (2) $0 = -\dfrac{x}{\cos^2\varphi} + l\cos\varphi$.

Aus (2) folgt $\cos\varphi = \left(\dfrac{x}{l}\right)^{\frac{1}{3}}$, also $\sin\varphi = \sqrt{1 - \left(\dfrac{x}{l}\right)^{\frac{2}{3}}}$;

$\mathrm{tg}\,\varphi = \left(\dfrac{l}{x}\right)^{\frac{1}{3}} \sqrt{1 - \left(\dfrac{x}{l}\right)^{\frac{2}{3}}}$. Durch Einsetzen in (1) entsteht

$$y = -l^{\frac{1}{3}} x^{\frac{2}{3}} \sqrt{1 - \left(\dfrac{x}{l}\right)^{\frac{2}{3}}} + l\sqrt{1 - \left(\dfrac{x}{l}\right)^{\frac{2}{3}}}$$

Fig. 34.

$$= l\sqrt{1 - \left(\frac{x}{l}\right)^{\frac{2}{3}}\left[1 - \left(\frac{x}{l}\right)^{\frac{2}{3}}\right]}\; ; \quad \frac{y}{l} = \left[1 - \left(\frac{x}{l}\right)^{\frac{2}{3}}\right]^{\frac{3}{2}};$$

$$\left(\frac{y}{l}\right)^{\frac{2}{3}} = 1 - \left(\frac{x}{l}\right)^{\frac{2}{3}}; \quad x^{\frac{2}{3}} + y^{\frac{2}{3}} = l^{\frac{2}{3}}.$$ Man erhält die „Sternkurve", einen besonderen Fall
der· Hypozykloide (Fig. 35).

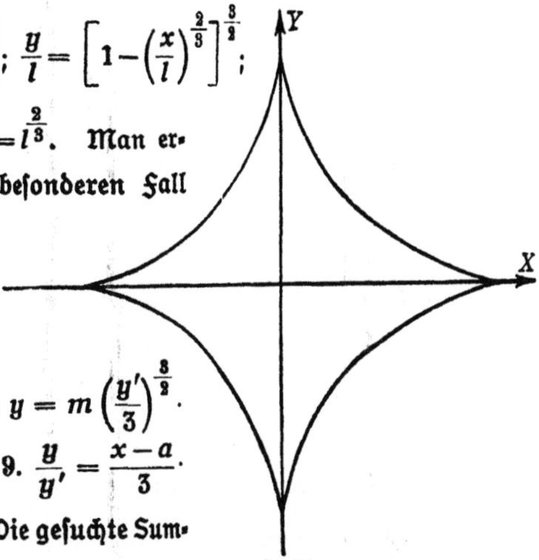

6. $y + x\dfrac{dy}{dx} = 0$. Vgl. die Tangentenkonstruktion D. S. 47.

7. $y' = \dfrac{3\,(x-a)^2}{m^2}$; hieraus und

aus der Kurvengleichung folgt $y = m\left(\dfrac{y'}{3}\right)^{\frac{3}{2}}$.

8. $y' = -\dfrac{y}{a} + \dfrac{x}{a} + 1$.　　　9. $\dfrac{y}{y'} = \dfrac{x-a}{3}$.

10. $y = x - \dfrac{x\,(1-y')}{ln\left(\dfrac{1-y'}{c}\right)}$.　11. Die gesuchte Sum-

Fig. 35.

me ist $\displaystyle\int P\,dt = \int m\frac{d^2s}{dt^2}\,dt = \int m\frac{dv}{dt}\,dt = \int m\,dv = m\,(v_1 - v_0)$, wenn
v_1 die End-, v_0 die Anfangsgeschwindigkeit ist. Das Produkt aus Masse
und Geschwindigkeit, mv, heißt auch Bewegungsgröße; es ist also der
Antrieb gleich dem Zuwachs an Bewegungsgröße. 12. $A = \displaystyle\int P\,ds =$
$\displaystyle\int m\frac{d^2s}{dt^2}\,ds = \int m\frac{dv}{dt}\frac{ds}{dt}\,dt = m\int\frac{dv}{dt}\cdot v\cdot dt = m\int v\,dv = m\left[\frac{v_1^2}{2} - \frac{v_0^2}{2}\right]$,
wenn v_1 die Geschwindigkeit in B, v_0 die in A bedeutet. Für die Arbeitsleistung
auf dem Wege AB kommt also nur die Anfangs- und die Endgeschwindigkeit in
Betracht. Bezeichnet man $\dfrac{mv^2}{2}$ als „lebendige Kraft" oder „Wucht", so ergibt
sich die von der Kraft P geleistete Arbeit gleich dem Zuwachs an Wucht, wenn
man den Endzustand mit dem Anfangszustand vergleicht. 13. Der höchste Differentialquotient ist der zweite, also ist die Gleichung zweiter Ordnung; sie ist
linear nach der Definition dieser Gleichungen. 14. $(y')^2 = \dfrac{y^2}{m^2} - 1$ ist eine Differentialgleichung erster Ordnung und zweiten Grades. 15. Gleichung erster
Ordnung und ersten Grades, aber nicht linear. 16. Lineare Gleichung erster
Ordnung, verkürzt. 17. $y = -a\cos x + c$; $y + a\cos x - c = 0$; $y + a\cos x = c$.

18. $y' = \dfrac{a}{\sqrt{a^2 + x^2}}$; $y = a\,\mathrm{Ar\,Sin}\left(\dfrac{x}{a}\right) + c$ u. entspr. 19. $y' = e^{\frac{x}{a}}$; $y = a\,e^{\frac{x}{a}}$

$+\,c$ u. entspr. **20.** $\dfrac{dy}{dx}=\dfrac{x}{a}$; $y=\dfrac{x^2}{2a}+c$ (Parabel). **21.** $y'=\dfrac{a}{x}$; $y=$

$a\ln x+c$. **22.** $y'=\dfrac{x^n}{a^n}$; $y=\dfrac{x^{n+1}}{(n+1)\,a^n}+c$. **23.** Aus Fig. 36 folgt $QR=\dfrac{y}{-y'}$;

$t=y\sqrt{1+\dfrac{1}{(y')^2}}$. Da $t=\dfrac{xy}{a}$ sein soll, ist $y'=\dfrac{a}{\sqrt{x^2-a^2}}$; $y=a\,\mathrm{Ar}\,\mathrm{Cof}\,\dfrac{x}{a}+c$.

24. $z=\dfrac{xy}{a}$; $y'=\dfrac{a}{x}$; $y=a\ln x+c=a\ln\left(\dfrac{x}{\gamma}\right)$.   **25.** $k^2=g\cdot\lambda^2=$

$=9{,}81\cdot4125\cdot0{,}001$; $k=v_{\max}=6{,}36$ m/sec. **27.** Es werde $\dfrac{gt}{k}=x$ gesetzt,

dann ist $v=k\dfrac{\mathrm{Sin}\,x}{\mathrm{Cof}\,x}=k\,\dfrac{x+\dfrac{x^3}{6}+\dfrac{x^5}{120}}{1+\left(\dfrac{x^2}{2}+\dfrac{x^4}{24}+\dfrac{x^6}{720}\right)}$. Bezeichnet man die Klam-

mer im Nenner mit X, so ist $v=k\left(x+\dfrac{x^3}{6}+\dfrac{x^5}{120}\right)(1-X+X^2-X^3)$; unter

Vernachlässigung der höheren Potenzen wird $X^2=\dfrac{x^4}{4}+\dfrac{x^6}{24}$, $X^3=\dfrac{x^6}{8}$; $v=$

$k\left(x-\dfrac{x^3}{3}+\dfrac{2}{15}x^5\right)=g\,t\left(1-\dfrac{g^2t^2}{3k^2}+\dfrac{2g^4t^4}{15k^4}\right)$. Ferner ist $h=\dfrac{k^2}{g}\ln\left\{1+\dfrac{x^2}{2}\right.$

$\left.+\dfrac{x^4}{24}+\dfrac{x^6}{720}\right\}=\dfrac{k^2}{g}\ln\{1+X\}=\dfrac{k^2}{g}\left\{\dfrac{x^2}{2}-\dfrac{x^4}{12}+\dfrac{x^6}{45}\right\}=\dfrac{1}{2}gt^2\left\{1-\dfrac{g^2t^2}{6k^2}+\right.$

$\left.+\dfrac{2g^4t^4}{45k^4}\right\}$. Probe: $\dfrac{dh}{dt}=v$; $\dfrac{dv}{dt}=g-\dfrac{gv^2}{k^2}$. **28.** Ohne Luftwiderstand:

$t=\sqrt{\dfrac{2s}{g}}=15{,}64$ sec, $v=gt=153{,}4$ m/sec.   Mit Luftwiderstand:

$k^2=5868$; $\lambda^2=598{,}2$; $\ln\mathrm{Cof}\,(0{,}1281\,t)=2{,}006$; $\mathrm{Cof}\,(0{,}1281\,t)=7{,}434$;

$t=21{,}04$ sec; $v=76{,}60$ Tg $2{,}695=75{,}92$ m/sec.   **29.** $k^2=1093$;

$t=5{,}21$ sec; $v=30{,}19$ m/sec. **30.** $t=2{,}08$ sec, $v=18{,}16$ m/sec

(Prüfung durch die Reihen der Aufgabe 27). Der Unterschied gegen den freien

Fall im luftleeren Raum ist bei dieser Höhe noch sehr gering. **31.** $v=gt+c$;

c Anfangsgeschwindigkeit; $s=\frac{1}{2}gt^2+ct$, wenn der Weg vom Zeitpunkt

$t=0$ an gerechnet wird. Der zweite Teil der Aufgabe wird am besten nach

Aufgabe 27 erledigt ($c=0$). **32.** $b^2x\,dx=a^2y\,dy$; $\dfrac{b^2x^2}{2}-\dfrac{a^2y^2}{2}=c$;

$\dfrac{x^2}{2a^2c}-\dfrac{y^2}{2b^2c}=1$; Hyperbelschar mit den Halbachsen $a\sqrt{2c}$ und $b\sqrt{2c}$

(D. S. 54). **33.** Ellipsenschar mit denselben Halbachsen. **34.** a) $\dfrac{dy}{dx}=$

$=\pm\dfrac{\sqrt{y^2-m^2}}{m}$; $\dfrac{dy}{\sqrt{y^2-m^2}}=\pm\dfrac{dx}{m}$; $\mathrm{Ar}\,\mathrm{Cof}\left(\dfrac{y}{m}\right)=\pm\dfrac{x+c}{m}$. b) $y=e^{\frac{x+c}{m}}$

35. Rechnet man h fenkrecht nach oben, fo ift $\dfrac{dv}{dt} = -g - \dfrac{v^2}{\lambda^2} = -g - \dfrac{gv^2}{k^2}$;

$k \operatorname{arc\,tg}\left(\dfrac{v}{k}\right) + c = -gt$; $k \operatorname{arc\,tg}\left(\dfrac{v_0}{k}\right) + c = 0$; $k\left[\operatorname{arctg}\left(\dfrac{v}{k}\right) - \operatorname{arctg}\left(\dfrac{v_0}{k}\right)\right]$

$= -gt$; $\dfrac{v}{k} = \operatorname{tg}\left[\operatorname{arctg}\left(\dfrac{v_0}{k}\right) - \dfrac{gt}{k}\right]$ und nach der für $\operatorname{tg}(\alpha - \beta)$ gültigen Formel

$$\dfrac{v}{k} = \dfrac{\dfrac{v_0}{k} - \operatorname{tg}\left(\dfrac{gt}{k}\right)}{1 + \dfrac{v_0}{k}\operatorname{tg}\left(\dfrac{gt}{k}\right)}; \quad v = \dfrac{k\left[v_0 - k\operatorname{tg}\left(\dfrac{gt}{k}\right)\right]}{k + v_0\operatorname{tg}\left(\dfrac{gt}{k}\right)}.$$ Es ift $\dfrac{dh}{dt} = v$; $h + c_1 =$

$\dfrac{k^2}{g} ln\left[k\cos\left(\dfrac{gt}{k}\right) + v_0\sin\left(\dfrac{gt}{k}\right)\right]$. Setzt man feft, daß die Anfangshöhe gleich 0

fei, fo muß $c_1 = 0$ gefetzt werden. Zahlenbeifpiel: $h = 598,2\,ln\,[76,60\cos 1,281$
$+ 600\sin 1,281]$. Der im abfoluten Maß ausgedrückte Winkel muß zur

Tabellenbenutzung in Bogenmaß umgerechnet werden; $1,281 = \dfrac{1,281 \cdot 180^0}{\pi} =$

$= 73^0, 37 = 73^0\,22'$; $h = 598,2\,ln\,596,83 = 3823\,m$; $v = 12,61$ m/sec. **36.** Im

höchften Punkte muß die Gefchwindigkeit gleich 0 fein, alfo $\operatorname{arc\,tg}\dfrac{v_0}{k} = \dfrac{gt}{k}$;

$t = \dfrac{k}{g}\operatorname{arctg}\dfrac{v_0}{k}$. Hier ift $\operatorname{arctg}\dfrac{v_0}{k} = 82^0, 72 = 1,444$; $t = 11^s, 27$. Man

findet $h = 3831$ m. **37.** Aus $h = \dfrac{k^2}{g}\,ln\,\mathfrak{Cof}\left(\dfrac{gt}{k}\right)$ ergibt fich: $ln\,\mathfrak{Cof}\left(\dfrac{gt}{k}\right) =$

$= 6,405$; $\mathfrak{Cof}\left(\dfrac{gt}{k}\right) = 604,87$; $\dfrac{gt}{k} = 7,098$, $t = 55^s, 43$. Steigzeit und Fall-

zeit find bei Berückfichtigung des Luftwiderftandes nicht mehr gleich. Die

Endgefchwindigkeit ift hier fchon faft genau gleich $k\,(= 76,6\,\text{m/sec})$. **38.** $\dfrac{dW}{dt} =$

$-k\,(\vartheta - \vartheta_0)$, wenn t die Zeit, k ein pofitiver Proportionalitätsfaktor ift.

Anderfeits ift $W = mc\,(\vartheta - \vartheta_0)$; $dW = mc\,d\vartheta$; hieraus $\dfrac{d\vartheta}{dt} = -\dfrac{k(\vartheta - \vartheta_0)}{mc}$.

Die Abkühlungsgefchwindigkeit ift alfo ftets dem Unterfchiede der momentanen
Temperatur von der Endtemperatur proportional. Die Trennung der Vari-

abeln liefert $\dfrac{d\vartheta}{\vartheta - \vartheta_0} = -\dfrac{k\,dt}{mc}$; $\dfrac{\vartheta - \vartheta_0}{\vartheta_1 - \vartheta_0} = e^{-\frac{kt}{mc}}$; $\vartheta = \vartheta_0 + (\vartheta_1 - \vartheta_0)e^{-\frac{kt}{mc}}$.

Die Endtemperatur wird theoretifch erft nach unendlich langer Zeit erreicht.
Befindet fich z. B. eine erhitzte Eifenkugel von $\vartheta_1 = 400^0\,\text{C}$ in einem Raume,
deffen Temperatur konftant auf $\vartheta_0 = 20^0$ erhalten wird, und kühlt fie fich

in 10 Minuten auf $\vartheta = 200^0$ ab, fo findet man leicht, daß $\dfrac{k}{mc} = 0,07472$ ift.

Das Abkühlungsgefetz lautet für diefen Fall $\vartheta = 20 + 380\,e^{-0,07472\,t}$, wenn
die Temperatur in Celfiusgraden und die Zeit in Minuten gemeffen wird. Die

Temperatur des Körpers nach t Minuten ist dann aus folgender Tabelle, die graphisch dargestellt werden möge, zu ersehen.

t	0^m	10^m	20^m	30^m	40^m	50^m	60^m
ϑ	$400°$	$200°$	$105°,26$	$60°,39$	$39°,13$	$29°,06$	$24,29$

89. Das Volumen $ACDB$ ist $\int_0^x \pi y^2\,dx$; die Kraft, welche auf den Querschnitt CD wirkt, beträgt $Q + \gamma \int_0^x \pi y^2\,dx$; die Unterstützungsfläche ist πy^2, also gilt die Gleichung $\left[Q + \gamma \int_0^x \pi y^2\,dx\right] : \pi y^2 = P$; $Q + \gamma \int_0^x \pi y^2\,dx = \pi P y^2$.

Hieraus folgt durch Differentiation $\pi \gamma y^2 = 2\pi P y \dfrac{dy}{dx}$; $\gamma y = 2P \dfrac{dy}{dx}$;

$$dx = \frac{2P}{\gamma} \frac{dy}{y};\quad x - x_0 = \frac{2P}{\gamma} \ln y;\ (x_0\ \text{Integrationskonstante});\quad y = e^{\frac{\gamma(x-x_0)}{2P}}$$

Durch Einsetzen in die Ausgangsgleichung erhält man $\left[Q + \pi P\left(e^{\frac{\gamma(x-x_0)}{P}}\right)_0^x\right]$

$: \left[\pi e^{\frac{\gamma(x-x_0)}{P}}\right] = P$; man findet hieraus $x_0 = -\dfrac{P}{\gamma} \ln \dfrac{Q}{\pi P}$, so daß $y = \sqrt{\dfrac{Q}{\pi P}}\, e^{\frac{\gamma x}{2P}}$

wird. Führt man in unserem Beispiel als Einheiten das Gramm und das Zentimeter ein, so ist $Q = 400000$ g; $P = 450$ g/qcm; $\gamma = 7{,}8$ g/ccm; $y = 16{,}82\, e^{0{,}008667\,x}$. Hat der Sockel eine Höhe von 1 m, so findet man als oberen Radius ($x = 0$) den Wert $16{,}82$ cm; als unteren ($x = 100$) bekommt man 40 cm. **40.** Multipliziert man beide Seiten mit y, so entsteht die in Beispiel 10 behandelte Form. $f(t) = \dfrac{1}{2} t^2 + t$; $\ln\left(\dfrac{x}{x_0}\right) = \int \dfrac{dt}{t^2 + t} = \ln t - \ln(t+1)$;

$y = \dfrac{x}{\sqrt{x_0 - x}}$ (Zeichnung der Kurvenschar).   **41.** Setzt man $x = \dfrac{\xi}{a}$;

$\dfrac{dy}{dx} = \dfrac{dy}{d\xi} \cdot \dfrac{d\xi}{dx} = a \dfrac{dy}{d\xi}$, so wird diese Aufgabe auf die vorige zurückgeführt.

42. $y y' = \dfrac{1}{2x^2}(y^4 + y^2 x + x^2) = \dfrac{1}{2}(t^2 + t + 1)$ für $t = \dfrac{y^2}{x}$; $\ln\left(\dfrac{x}{x_0}\right) = \operatorname{arc\,tg} t$.

Vgl. Beispiel 11. **43.** Vgl. 41. **44.** Man setze $xy = t$; $y + xy' = t'$; $\dfrac{t' - y}{x} = y^2 f(t)$;

$\dfrac{t'}{x} - \dfrac{t}{x^2} = \dfrac{t^2}{x^2} f(t)$; $t' = \dfrac{t}{x} + \dfrac{t^2}{x} f(t)$; $\dfrac{dx}{x} = \dfrac{dt}{t + t^2 f(t)}$.   **45.** Man setze

$3x + 4y = t$, dann wird $y' = \dfrac{1}{4}(t' - 3)$; $t' - 3 = 4t^2$; $\dfrac{dt}{3 + 4t^2} = dx$;

$$x - x_0 = \frac{1}{2\sqrt{3}}\,\text{arc tg}\,\frac{2t}{\sqrt{3}}; \quad \frac{2t}{\sqrt{3}} = \text{tg}\{2\sqrt{3}\,(x-x_0)\}; \quad 3x+4y$$
$$= \tfrac{1}{2}\sqrt{3}\,\text{tg}\{2\sqrt{3}(x-x_0)\}; \quad y = \tfrac{1}{8}\sqrt{3}\,\text{tg}\{2\sqrt{3}\,(x-x_0)\} - \tfrac{3}{4}x.$$

46. Die Substitution $ax + by = t$ liefert $t' = a + bf(t)$; $x - x_0 = \int\frac{dt}{a+bf(t)}$. 47. $x^2 + y^2 = r^2$; $x + yy' = rr'$; $rr' = f(x)\,\varphi(r)$; $\int\frac{r\,dr}{\varphi(r)} = \int f(x)\,dx$. 48. (Fig. 36)

$$QR = \frac{y^2}{x} = OS.$$

Fig. 36.

Anderseits ist $OS = OU + US = y + x\,\text{tg}\,\beta = y - x\,\text{tg}\,\alpha = y - xy'$. Hieraus folgt $\frac{y^2}{x} = y - xy'$; $y' = \frac{y}{x} - \frac{y^2}{x^2}$. Die Gleichung ist homogen; $f(t) = t - t^2$, also

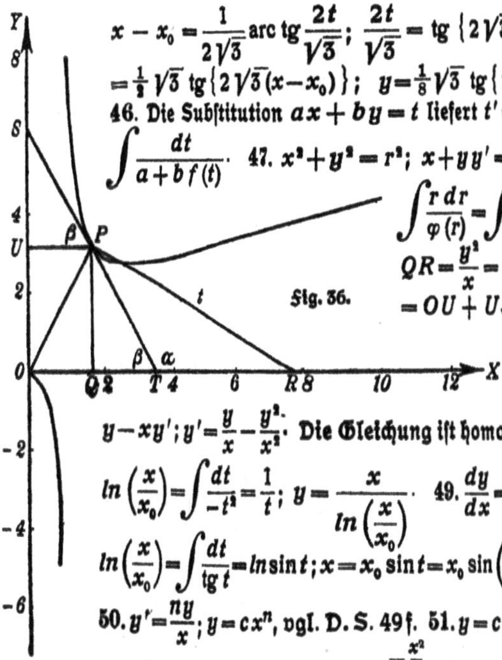

$$\ln\left(\frac{x}{x_0}\right) = \int\frac{dt}{-t^2} = \frac{1}{t}; \quad y = \frac{x}{\ln\left(\frac{x}{x_0}\right)}.$$

49. $\frac{dy}{dx} = \frac{y}{x} + \text{tg}\left(\frac{y}{x}\right)$; $\frac{y}{x} = t$;

$$\ln\left(\frac{x}{x_0}\right) = \int\frac{dt}{\text{tg}\,t} = \ln\sin t; \quad x = x_0\sin t = x_0\sin\left(\frac{y}{x}\right); \quad y = x\,\text{arc}\sin\left(\frac{x}{x_0}\right).$$

50. $y' = \frac{ny}{x}$; $y = cx^n$, vgl. D. S. 49f. 51. $y = ce^{-x\cos x}$ (Zeichnung!).

52. $\tfrac{1}{2}a(-ay') = xy$; $y = ce^{-\frac{x^2}{a^2}}$ (Zeichnung!). 53. Lösung der verkürzten Gleichung $y = \frac{c}{x}$, der vollständigen $\frac{C}{x}$. Differentialgleichung für C ist $\frac{C'}{x} = \sin x$; hieraus $C = \int x\sin x\,dx = -x\cos x + \sin x + K$. Man erhält $y = -\cos x + \frac{\sin x}{x} + \frac{K}{x}$. Man prüfe durch Differentiieren und stelle einige Kurven der Schar graphisch dar. 54. $X_1 = 2$; $X = -e^{3x}$; $F = e^{-2x}$; $C = \frac{e^{5x}}{5} + K$; $y = \frac{e^{3x}}{5} + Ke^{-2x}$. 55. $y = xe^{-x} + Ke^{-x}$. 56. $N_0 = 10^6$; $M_0 = 0$; $M = \frac{1{,}26 \cdot 10^{-11}}{2{,}085 \cdot 10^{-6}} \cdot 10^6\,[e^{-1{,}26t\,10^{-11}} - e^{-2{,}085t\cdot 10^{-6}}]$; $t = 86400\,\text{sec} = 8{,}64 \cdot 10^4$, $M = 6{,}043\,[e^{-0{,}000001088} - e^{-0{,}18015}]$. Reihenentwicklung! $M = 6{,}043 \cdot 0{,}1649 \approx 1$. 57. 417573; der schnelle Zerfall der Emanation überwiegt die Neubildung aus dem Radium, daher Verminderung. 58. 835145. 59. Keine. 60. $\frac{dM}{dt}$ verschwindet gleich-

zeitig mit $-\lambda e^{-\lambda t}+\lambda_1 e^{-\lambda_1 t}$, also für $t=\dfrac{1}{\lambda_1-\lambda}\, ln\left(\dfrac{\lambda_1}{\lambda}\right)$; für unsere Zahlenwerte wird $t=5\,763\,000$ sec $=66{,}7$ Tage; $M_{max}\approx 6$. **61.** $\dfrac{\partial \varphi}{\partial x}=3x^2+y^2$; $\varphi=x^3+xy^2+C(y)$; $2xy+\dfrac{dC}{dy}=2xy-4ay$; $C=-2ay^2+k$; $\varphi=x^3+xy^2-2ay^2+k=0$; $x^3-y^2(2a-x)+k=0$. Für $k=0$ erhält man die Zissoide des Diokles. Man zeichne einige Kurven der Schar, z. B. für $a=1$. **62.** $\varphi=x^3-axy+C$; $-ax+C'=3y^2-ax$; $C=y^3+k$; $x^3+y^3-axy+k=0$. Für $k=0$ erhält man das „Kartesische Blatt". **63.** $\varphi=\frac{1}{4}x^4+\frac{1}{2}x^2y^2-\frac{1}{2}a^2x^2+C$; $x^2y+C'=x^2y+y^3+a^2y$; $C=\frac{1}{4}y^4+\frac{1}{2}a^2y^2+k$; $\frac{1}{4}(x^2+y^2)^2-\frac{1}{2}a^2(x^2-y^2)+k=0$ (Cassinische Kurven, wichtig für die Optik; für $k=0$ gewöhnliche Lemniskate). **64.** $x^2y^2+y^2(y+b)^2-a^2(y+b)^2+k=0$ (Konchoiden). **65.** Ja. **66.** Ja. **67.** Nein. **68.** Nein. **69.** Nur, wenn $a=b$ ist. **70.** Nur, wenn $b=-(a+1)$, $c=a+1, k=-(a+2)$ ist. **71.** $M_1=\dfrac{1}{\sqrt{x+y}}$; $M_2=xy$; Lösung $xy\sqrt{x+y}=k$.

72. $M_1=(x+y)^{-4}$; $M_2=(x-y)^{-2}$; $\dfrac{x-y}{(x+y)^3}=k$. **73.** $M_1=(x^2+y^2)^{-\frac{5}{4}}$; $M_2=(xy)^{-5}$, also ist das Integral der Differentialgleichung $\dfrac{M_2}{M_1}=k$;

$(x^2+y^2)^{\frac{5}{4}}:(xy)^5=k$, oder, wenn man beide Seiten mit $\frac{4}{5}$ potenziert:

$\dfrac{x^2+y^2}{x^4y^4}=k_1$. **74.** $M_1=x^5$; $M_2=(x^2+y^2)^{-\frac{5}{6}}$; $x^6(x^2+y^2)=k$. **75.** Die Differentialgleichungen sind homogen. **76.** $(y-ax-c)(y-bx-c)=0$; zwei Scharen von Geraden. **77.** $(y-2\sqrt{ax}+c)(y+2\sqrt{ax}+c)$. Parabelscharen. **78.** $(y-\sqrt{x^2-c^2})(y-\sqrt{c^2-x^2})=0$. Kreise und Hyperbeln.

79. $F=\displaystyle\int_a^x y\,dx$; $L=\displaystyle\int_a^x\sqrt{1+\left(\dfrac{dy}{dx}\right)^2}\,dx$; aus $F=cL$ folgt durch Differentiation $y=c\sqrt{1+(y')^2}$; $(y')^2=\left(\dfrac{y}{c}\right)^2-1$; $\dfrac{dy}{\sqrt{\left(\dfrac{y}{c}\right)^2-1}}=\pm\,dx$;

$c\,ln\left(\dfrac{y}{c}+\sqrt{\left(\dfrac{y}{c}\right)^2-1}\right)=\pm(x-k)$; $y=\dfrac{c}{2}\left[e^{\frac{x-k}{c}}+e^{-\frac{x-k}{c}}\right]$. Kettenlinie. **80.** Nach Aufgabe 4 hat die Enveloppe die Gleichung $xy=\frac{1}{4}$. Die Differentialgleichung der Kurvenschar findet man, wenn man c aus $x+c^2y-c=0$ und $1+c^2y'=0$ eliminiert. Setzt man $c=\sqrt{-\dfrac{1}{y'}}$ in die erste Gleichung ein, so entsteht $x-\dfrac{y}{y'}-\sqrt{-\dfrac{1}{y'}}=0$ oder $\left(x-\dfrac{y}{y'}\right)^2+\dfrac{1}{y'}=0$. Dieser

Differentialgleichung genügt die Kurvenschar und auch die Enveloppe, wie man sich leicht überzeugt. 81. $y' = -\text{tg}\,c$; $\text{tg}\,c = -y'$; $\sin c = -\dfrac{\text{tg}\,c}{\sqrt{1+\text{tg}^2 c}} = -\dfrac{y'}{\sqrt{1+(y')^2}}$. Durch Einsetzen in die Gleichung der Kurvenschar entsteht $y = xy' - \dfrac{ly'}{\sqrt{1+(y')^2}}$ oder $(y-xy')^2 = \dfrac{l^2(y')^2}{1+(y')^2}$. Dieser Gleichung genügt auch die Enveloppe (Aufgabe 5) $x^{\frac{2}{3}} + y^{\frac{2}{3}} = l^{\frac{2}{3}}$. 82. Für die Enveloppe ist neben der gegebenen Gleichung noch $-\dfrac{x^2}{c^3} + \dfrac{y^2}{(1-c)^3} = 0$. Hieraus findet man $c = x^{\frac{2}{3}} : (x^{\frac{2}{3}} + y^{\frac{2}{3}})$ und $1 - c = y^{\frac{2}{3}} : (x^{\frac{2}{3}} + y^{\frac{2}{3}})$; Gleichung der Enveloppe $x^{\frac{2}{3}} + y^{\frac{2}{3}} = 1$. Die Differentialgleichung der Kurvenschar wird erhalten durch Elimination von c aus $\dfrac{x^2}{c^2} + \dfrac{y^2}{(1-c)^2} - 1 = 0$ und $\dfrac{2x}{c^2} + \dfrac{2yy'}{(1-c)^2} = 0$; es ist $\left(\dfrac{c}{1-c}\right)^2 = -\dfrac{x}{yy'}$; $c = \sqrt{-\dfrac{x}{yy'}} : \left(1 + \sqrt{-\dfrac{x}{yy'}}\right)$; $1 - c = 1 : \left(1 + \sqrt{-\dfrac{x}{yy'}}\right)$. Durch Einsetzen in die Gleichung der Kurvenschar entsteht $\left(1 + \sqrt{-\dfrac{x}{yy'}}\right)^2 (y^2 - xyy') = 1$. 83. Substitution $\dfrac{y^2}{x} = t$; Differentialgleichung $t^2 - x^2(t')^2 = 4a^2$; allgemeine Lösung $ln\,(t + \sqrt{t^2 - 4a^2}) = \pm\,ln\,(cx)$; hieraus $\dfrac{cy^2}{2a^2} - \dfrac{c^2x^2}{4a^2} = 1$ oder $\dfrac{cy^2}{2a^2} - c^2x^2 = \dfrac{1}{4a^2}$. Aus beiden (im wesentlichen identischen) Gleichungen folgt für die Enveloppe $y^4 = 4a^2x^2$; $y^2 = \pm\,2ax$; zwei Parabeln. Das zweite Verfahren leitet aus der gegebenen Gleichung noch die Beziehung $\dfrac{y^3}{x} - 2y^2y'$ ab; aus ihr folgt $y' = \dfrac{y}{2x}$. Die Einsetzung dieses Wertes in die gegebene Gleichung führt unmittelbar zum Ziel. 84. Zweites Verfahren. $\dfrac{y}{(y')^2} - \dfrac{1}{2}\sqrt{-\dfrac{1}{(y')^3}} = 0$; $y - \dfrac{1}{2}\sqrt{-y'} = 0$; $y' = -4y^2$. Durch Einsetzen: $x + \dfrac{1}{4y} - \dfrac{1}{2y} = 0$; $xy = \dfrac{1}{4}$ (vgl. Aufgabe 80). 85. Als singuläre Lösung findet man nach der zweiten Methode leicht $\dfrac{x^2}{2} + y^2 - 1 = 0$. 86. Singuläre Lösung $y^2 = mx + \dfrac{m^2}{4}$. 87. Man halbiere die letzte Ordinate der Integralkurve $\int J\,d\lambda$ und ziehe durch ihren Mittelpunkt die Parallele zur Abszissenachse. Deren Schnittpunkt mit der Integralkurve hat die gesuchte Größe λ zur Abszisse. Für $T = 6500°$ erhält man etwa $\lambda = 0{,}6\,\mu$ (gelb). 89. 5,45 (ultrarot); 4,2 (dgl.); 2,45 (dgl.);

2,18 (dgl.); 0,82 (rot). **91.** Da die Kurve für positive x und y konkav ist $(y'=x+y;\ y''=1+y'=1+x+y)$, so lassen sich nach dem obigen Verfahren zwei eingrenzende Kurven zeichnen. Nach Aufgabe 46 ist die exakte Lösung $y=ke^x-x-1$; für unsern Anfangswert muß $k=1$ sein. **93.** Zur Konstruktion der Kurvenschar $y-e^x=p$ benutze man eine Schablone. Exakte Lösung $y=(-x+k)\,e^x$; $k=1$ (Lineare Differentialgleichung). **94.** Die konzentrischen Kreise $x^2+y^2=\dfrac{1}{p^2}$ sind in möglichst gleichen Abständen zu ziehen; passende Wahl von p! **95.** $y=a+bx+cx^2+ex^3+\cdots$; $b+2cx+3ex^2$

$+\cdots=\dfrac{a}{x}+b+cx+ex^2+\cdots$, also $a=0$, $b=b$; $c=2c$, d. h. $c=0$;

$e=3e$, d. h. $e=0$ usf.; $y=bx$. **96.** $(b+2cx+3ex^2+4fx^3+5gx^4$

$+6hx^5\cdots)+(a+bx+cx^2+ex^3+fx^4+gx^5\cdots)=1+\dfrac{1}{1!}x+\dfrac{1}{2!}x^2$

$+\dfrac{1}{3!}x^3+\dfrac{1}{4!}x^4+\dfrac{1}{5!}x^5\cdots$ liefert $a+b=1; b+2c=1; c+3e=\dfrac{1}{2!}; e+4f=$

$=\dfrac{1}{3!}; f+5g=\dfrac{1}{4!}; g+6h=\dfrac{1}{5!}\cdots$; hieraus $b=1-a;\ c=\dfrac{1}{2}a;\ e=$

$\dfrac{1}{3!}(1-a); f=\dfrac{1}{4!}a; g=\dfrac{1}{5!}(1-a); h=\dfrac{1}{6!}a\cdots$. Durch Zusammenfassen entsprechender Glieder findet man $y=ae^{-x}+\mathrm{Sin}\,x$. Es ist dann auch $y=ae^{-x}$ $+\dfrac{1}{2}e^x-\dfrac{1}{2}e^{-x}=(a-\dfrac{1}{2})\,e^{-x}+\dfrac{1}{2}e^x=ke^{-x}+\dfrac{1}{2}e^x$. Man behandle die Aufgabe auch als lineare Gleichung (S. 27f.). **97.** Man würde finden $a=0$; $b=-b,\ 2c=-c,\ 3e=-e$; alle Koeffizienten verschwinden. Die exakte Lösung ist $y=\dfrac{c}{x}$; sie zeigt, daß unsere Annahme, y lasse sich in eine Potenzreihe der Form $a+bx+cx^2+\cdots$ entwickeln, hier falsch ist. **98.** $v=bt$ $+ct^2+et^3+ft^4+\cdots$; $b+2ct+3et^2+4ft^3\cdots=g-\dfrac{bt}{\lambda^2}-\dfrac{ct^2}{\lambda^2}-\dfrac{et^3}{\lambda^2}$

$-\dfrac{ft^4}{\lambda^2}\cdots$. Es wird $b=g;\ c=-\dfrac{g}{2\lambda^2};\ e=+\dfrac{g}{3!\lambda^4};\ f=-\dfrac{g}{4!\lambda^6};\ v=$

$\lambda^2 g\left(\dfrac{t}{\lambda^2}-\dfrac{t^2}{2\lambda^4}+\dfrac{t^3}{3!\lambda^6}-\dfrac{t^4}{4!\lambda^8}\cdots\right)=\lambda^2 g\left(1-e^{-\frac{t}{\lambda^2}}\right)$; der letzte Ausdruck ist die exakte Lösung. **99.** Ist $v=a+bt+ct^2+et^3+ft^4+ht^5$, so ist $v^2=a^2$ $+2abt+(b^2+2ac)\,t^2+(2ae+2bc)\,t^3+(c^2+2af+2be)\,t^4+\cdots$, wie sich durch Multiplikation ergibt. Aus der Anfangsbedingung folgt $a=0$, also ist hier $b+2ct+3et^2+4ft^3+5ht^4\cdots=g-\dfrac{b^2t^2}{\lambda^2}-\dfrac{2bct^3}{\lambda^2}-\dfrac{(c^2+2be)t^4}{\lambda^2}$.

Man findet $b=g;\ c=0;\ e=-\dfrac{g^2}{3\lambda^2};\ f=0;\ h=\dfrac{2}{15}\dfrac{g^3}{\lambda^4};\ v=gt-\dfrac{g^2t^3}{3\lambda^2}$

$+\dfrac{2g^3t^5}{15\lambda^4}$. Setzt man $\lambda=\dfrac{k}{\sqrt{g}}$, ſo iſt $v=k\left[\dfrac{gt}{k}-\dfrac{g^3t^3}{3k^3}+\dfrac{2g^5t^5}{15k^5}\right]$; der Klammerausdruck enthält die erſten Glieder der Entwicklung von $\mathfrak{T}g\left(\dfrac{gt}{k}\right)$.

100. $v=bt+ct^2+et^3+ft^4+ht^5+kt^6+lt^7$; $v^3=b^3t^3+3b^2ct^4+(3bc^2+3b^2e)t^5+(c^3+3b^2f+6bce)t^6$. Die Koeffizientenvergleichung ergibt $v=gt-\dfrac{g^3t^4}{4\lambda^2}+\dfrac{3g^5t^7}{28\lambda^3}$. **101.** Die Entwicklung führt nicht zum Ziel, die exakte Löſung $y=xln\,(cx)$ läßt ſich nicht durch eine Potenzreihe von der Form $a+bx+\cdots$ darſtellen. **102.** $y=a+bx+cx^2+ex^3+fx^4+hx^5$; $yy'=ab+(b^2+2ac)x+(3bc+3ae)x^2+(4be+2c^2+4fa)x^3+(5bf+5ce+5ha)x^4+\cdots$; $y=a+\dfrac{x}{2a}-\dfrac{x^2}{8a^3}+\dfrac{x^3}{16a^5}-\dfrac{5}{128}\dfrac{x^4}{a^7}+\dfrac{7}{256}\dfrac{x^5}{a^9}$. Entwickelt man die exakte Löſung $y=\sqrt{x+a^2}$, ſo erhält man denſelben Ausdruck. Die Reihe konvergiert nur, wenn $\dfrac{x}{a}$ zwiſchen -1 und $+1$ liegt. **103.** y'' und die folgenden Ableitungen verſchwinden. **104.** $y''=a+abx+b^2y$; $y'''=ab+ab^2x+b^3y$; $y^{IV}=ab^2+ab^3x+b^4y$ uff. Das Ergebnis läßt ſich auf die Form $y=ke^{bx}-\dfrac{ax}{b}-\dfrac{a}{b^2}$ bringen. **105.** Die Entwicklung verſagt. $y=\dfrac{c}{\sqrt{x}}$. **106.** Endgültiges Differenzenſchema:

```
  x      y       y'
  0    0,0000  1,0000
                           −  199
  0,2  0,1987  0,9801                  − 391
                           −  590              +24
  0,4  0,3894  0,9211                  − 367         + 12
                           −  957              +36         +9
  0,6  0,5646  0,8254                  − 331         + 21
                           − 1288              +57
  0,8  0,7174  0,6966                  − 274
                           − 1562
  1,0  0,8414  0,5404
```

Die Differenzen ſind Einheiten der vierten Dezimale. **107.**

x	1	1,05	1,1	1,2	1,3	1,4	1,5	1,6
y	0	0,0466	0,0869	0,1535	0,2066	0,2497	0,2862	0,3173
y'	1	0,8649	0,7550	0,5900	0,4755	0,3943	0,3355	0,2929

Die Unterſchiede gegen die exakten Werte (Beiſpiel 11; $x_0=1$) ſind faſt unmerklich. **108.** Für $x=e^{\frac{\pi}{2}}=4,8105$ wird y unendlich.

109.

x	0,5	0,6	0,7	0,9	1,1	1,3	1,5	1,7	1,9	2,1
y	0	0,1799	0,3228	0,5427	0,7139	0,8524	0,9735	1,0776	1,1732	1,2574
y'	2	1,597	1,297	0,9515	0,763	0,643	0,559	0,497	0,448	0,4085

Man vergleiche die Zeichnung zu Aufgabe 94 und vervollständige diese durch eine zweite Näherungskurve wie in Beispiel 27, S. 50. 110. Den Pfeil der Biegung, f, findet man, wenn man $x = l$ setzt; $f = \dfrac{P l^3}{3 E J}$, für $P = 10$ kg, $l = 100$ cm, $E = 2\,150\,000$ ist $f = \dfrac{1{,}55}{J}$ cm. a) $a^2 = 10$, $a = 3{,}162$; $J = \dfrac{a^4}{12}$ (J. S. 48) $= 8{,}333$ cm^4; $f = 0{,}186$ cm $= 1{,}86$ mm; b) $\dfrac{\pi d^2}{4} = 10$, $d = 3{,}568$ cm; $J = \dfrac{\pi d^4}{64} = 7{,}958$ cm^4; $f = 1{,}95$ mm; c) $b = 4{,}472$ cm, $h = 2{,}236$ cm, $J = \dfrac{b h^3}{12} = 4{,}167$; $f = 3{,}72$ mm; d) $J = 16{,}67$; $f = 0{,}93$ mm; e) $R = 3{,}433$ cm, $r = 2{,}933$ cm; $J = \dfrac{\pi}{4}(R^4 - r^4) = 50{,}97$; $f = 0{,}30$ mm.

111. Da der Querschnitt im Gleichgewichtszustand nicht seitlich verschoben werden kann, so muß die Summe aller Kraftkomponenten in Richtung der X-Achse gleich Null sein, also $\int \sigma\, df = 0$ oder $\int \dfrac{E \eta\, df}{\varrho} = \dfrac{E}{\varrho} \int \eta\, df = 0$, also $\int \eta\, df = 0$. Das ist aber die Bedingung dafür, daß die η-Koordinate des Schwerpunkts, d. h. sein Abstand von der neutralen Faser, verschwindet (J. 40 f.) 112. $\sigma = \dfrac{E}{\varrho}\, \eta$; direkte Proportionalität. 113. (Fig. 37.) In A wirkt der Auflagerdruck $\dfrac{P}{2}$, er erzeugt in dem Querschnitte, der durch x, y geht, das Biegungsmoment $M = \dfrac{P}{2} \cdot x$. Es ist also $y'' = -\dfrac{1}{EJ}\dfrac{P x}{2}$; $y = -\dfrac{P x^3}{12\, EJ} + kx + k_1$. Da für $x = 0$ auch y verschwindet, so ist $k_1 = 0$. Für $x = \dfrac{l}{2}$ muß $y' = 0$ sein, also $k = \dfrac{P l^2}{16\, EJ}$; $y = \dfrac{P l^3}{16\, EJ}\left(\dfrac{x}{l} - \dfrac{4}{3}\dfrac{x^3}{l^3}\right)$. 114. $f = \dfrac{P l^3}{48\, EJ}$; 16 mal so klein wie in Aufgabe 110. 115. Es sei $\dfrac{q - p \cos \alpha l}{\sin \alpha l} = A$, dann ist

$$y = A \sin \alpha x + p \cos \alpha x,$$
$$y' = A \alpha \cos \alpha x - p \alpha \sin \alpha x;$$

y' verschwindet für $\operatorname{tg} \alpha x = \dfrac{A}{p}$.

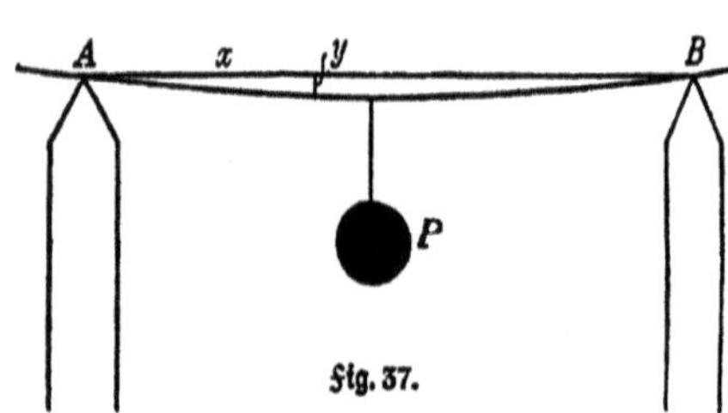

Fig. 37.

Maximum, weil y'' $(= -\alpha^2 y)$, negativ. $\cos \alpha x = \dfrac{p}{\sqrt{A^2+p^2}}$;

$\sin \alpha x = \dfrac{A}{\sqrt{A^2+p^2}}$; $y_{\max} = \dfrac{A^2}{\sqrt{A^2+p^2}} + \dfrac{p^2}{\sqrt{A^2+p^2}} = \sqrt{A^2+p^2}$

$= \dfrac{\sqrt{q^2+p^2-2pq\cos\alpha l}}{\sin \alpha l}$. **116.** $p = 0$; $q = 0,5$. a) $\alpha = 0,0007471$; $y =$

$\dfrac{\sin(0,0007471 x)}{\sin 0,07471} \cdot 0,5 = 6,7 \sin(0,0007471\,x)$. Einheit cm. Maximum

der Abweichung erſt jenſeits des Stabendes. Der Winkel zwiſchen der deformierten Mittellinie und der X Achſe iſt gegeben durch $\operatorname{tg} \alpha_1 = y' = 6,7 \cdot 0,0007471 \cos 0,0007471\,x$; $x = 0$, alſo $y' = 0,005005$, $\alpha_1 = 0° 17' 12'',3$. Der Winkel zwiſchen der urſprünglichen Mittellinie und der X Achſe iſt

gegeben durch $\operatorname{tg} \alpha_2 = \dfrac{q}{l} = 0,005$; $\alpha_2 = 0° 17' 11'',3$. Die Differenz beträgt

alſo nur eine Bogenſekunde. Für kleine Winkel im Bogenmaß iſt $\operatorname{tg}\alpha \approx \alpha$, alſo $\alpha_1 - \alpha_2 = 0,005005 - 0,005 = 0,000005$; im Gradmaß iſt $\alpha_1 - \alpha_2 =$

$0,000005 \cdot \dfrac{180°}{\pi} = 0°,0002865 = 1'',03$ b) c) uſw. liefern ähnliche Ergebniſſe.

Man unterſuche zur Übung dieſelben Fälle für ſtärkere Belaſtungen. **117.** Keiner der Teilausdrücke in der Formel für y kann unendlich werden; y

alſo nur, wenn $\sin \alpha l = 0$ iſt. Dies tritt für $\alpha = 0$ und $\alpha = \dfrac{\pi}{l}$ ein. Für

$\alpha = 0$ wird $\dfrac{\sin \alpha x}{\sin \alpha l}$ unbeſtimmt $\left(= \dfrac{0}{0}\right)$; für kleine Werte von α iſt $\dfrac{\sin \alpha x}{\sin \alpha l}$

$\approx \dfrac{\alpha x}{\alpha l} = \dfrac{x}{l}$. Für $\alpha = 0$ nimmt alſo $\dfrac{\sin \alpha x}{\sin \alpha l}$ den Grenzwert $\dfrac{x}{l}$ an, der nicht

unendlich iſt. Für $\alpha = \dfrac{\pi}{l}$ wird aber y wirklich unendlich. Dann iſt $\sqrt{\dfrac{P}{EJ}} =$

$\dfrac{\pi}{l}$; $P = \dfrac{EJ\pi^2}{l^2}$. (Eulerſche Knickformel.) Eine unendliche Deformation

kann natürlich praktiſch nicht eintreten; ſchon bei einer etwas geringeren

Belaſtung wird die Form des Stabes dauernd verändert, $P = \dfrac{EJ\pi^2}{l^2}$ gibt

die kritiſche Knickbeanſpruchung an. **118.** $\dfrac{1}{6}P = \dfrac{1}{6}\dfrac{EJ\pi^2}{l^2} = 353,7\,J$. a) 2947 kg,

b) 2815 kg, c) 1474 kg, d) 5894 kg (wertlos, da der Stab ſchon vorher nach c) zuſammenknicken wird, e) 18026 kg, alſo das 6 $\frac{1}{2}$ fache von b)!

119. $(y')^2 = \alpha^2 y^2 + k^2$; $x = \displaystyle\int \dfrac{dy}{\sqrt{\alpha^2 y^2 + k^2}}$; $x + k_1 = \dfrac{1}{\alpha}\operatorname{Ar Sin}\dfrac{\alpha y}{k}$; $y =$

$\dfrac{k}{\alpha}\operatorname{Sin}(\alpha x + \alpha k_1) = \dfrac{k}{\alpha}\operatorname{Sin}\alpha x \operatorname{Cof}\alpha k_1 + \dfrac{k}{\alpha}\operatorname{Cof}\alpha x \operatorname{Sin}\alpha k_1$; $y = m\operatorname{Cof}\alpha x$

$+ n\operatorname{Sin}\alpha x$. Hierfür kann man auch ſchreiben $y = m_1 e^{\alpha x} + n_1 e^{-\alpha x}$.

120. $k^4(x-k_1)^2 = k^2 y^2 - a^2$. Hyperbel. **121.** Es muß $t\sqrt{\dfrac{g}{l}} = \dfrac{\pi}{2}$, also $t = \dfrac{\pi}{2}\sqrt{\dfrac{l}{g}}$ fein. **122.** $t\sqrt{\dfrac{g}{l}}$ muß von $\dfrac{\pi}{2}$ auf π wachfen, also um $\dfrac{\pi}{2}$; t um $\dfrac{\pi}{2}\sqrt{\dfrac{l}{g}}$. Das Steigen dauert ebenfolange wie das Fallen. **123.** Für $-t$ nimmt φ den entgegengefetzten Wert wie für $+t$ an, da $\sin(-\alpha) = -\sin\alpha$. **124.** $T = \pi\sqrt{\dfrac{l}{g}}$. **125.** Gar nicht, die Pendelfchwingungen find ifochron. **126.** Hat eine Pendelftange die Länge l_1, eine andere die Länge l_2, fo ift $T_1 : T_2 = \sqrt{l_1} : \sqrt{l_2}$. **127.** $\pi\sqrt{\dfrac{l}{g.}} = 1; l = \dfrac{g}{\pi^2} = 0{,}994$ m ≈ 1 m. **128.** $L = l(1+\alpha\Theta)$, wenn Θ die Temperaturänderung ift. $T_1 = \pi\sqrt{\dfrac{L}{g}}$. In einem Tage $= 86\,400$ sec vollführt das Pendel $n = \dfrac{86\,400}{T_1}$ Schwingungen. $T_1 = \pi\sqrt{\dfrac{l(1+\alpha\Theta)}{g}}$, da aber $\pi\sqrt{\dfrac{l}{g}}$ hier $=1$ ift, fo ift $n = \dfrac{86\,400}{\sqrt{1+\alpha\Theta}} \approx 86\,400(1-\tfrac{1}{2}\alpha\Theta)$. Die Uhr geht um $43\,200\,\alpha\Theta$ Sefunden nach, in unferm Beifpiel $2{,}6$ sec. **129.** $a = c = 3$; $l = 2{,}5$; $L = 3{,}5$, $b = 0$; $\dfrac{\mathrm{Sin}}{\varphi} = 1{,}4$; hieraus $\varphi = 1{,}4682$; $m = \dfrac{l}{\varphi} = 1{,}70276$; $\psi = 0$; $\xi_0 = l$; $\eta_0 = a - L\,\mathrm{Ctg}\,\varphi = 3 - 3{,}8923 = -0{,}892$ (Bezeichnungen Meter). Man zeichne die Kurve und ftelle feft, ob fie den geforderten Bedingungen genügt. Der Kurvenbogen kann durch Abftecken näherungsweife ermittelt werden. **130.** $a = 1$; $c = 16$; $b = -7{,}5$; $l = 3$; $L = 9$. $\dfrac{\mathrm{Sin}\,\varphi}{\varphi} = \dfrac{\sqrt{24{,}75}}{3} = 1{,}65833$; $\varphi = 1{,}82871$; $m = 1{,}6405$; $\psi = 1{,}19896$; $\xi_0 = 1{,}03318$; $\eta_0 = -0{,}9766$; $\eta + 0{,}9766 = 1{,}6405\,\mathrm{Cof}\left(\dfrac{\xi - 1{,}03318}{1{,}6405}\right)$. **131.** $\eta - \eta_0 = m\,\mathrm{Cof}\,\dfrac{\xi - \xi_0}{m}$. Für $\xi = 0$ muß η und η' verfchwinden; für $\xi = 6$ muß $\eta = 16$ fein. (a) $-\eta_0 = m\,\mathrm{Cof}\,\dfrac{\xi_0}{m}$; (b) $0 = \mathrm{Sin}\left(-\dfrac{\xi_0}{m}\right)$; (c) $16 - \eta_0 = m\,\mathrm{Cof}\left(\dfrac{6-\xi_0}{m}\right)$. Aus (b) folgt $\xi_0 = 0$, aus (a) $\eta_0 = -m$, aus (c) $16 + m = m\,\mathrm{Cof}\,\dfrac{6}{m}$. Diefe Gleichung liefert $m = 2{,}1144$, alfo $\eta + 2{,}1144 = 2{,}1144\,\mathrm{Cof}\,\dfrac{\xi}{2{,}1144}$ (Zeichnung). $L = m\,\mathrm{Sin}\,\dfrac{\xi}{m} = 17{,}99$ m. **132.** $y'' : \left(\sqrt{1+(y')^2}\right)^3 = \dfrac{1}{a}$. Man fetze $y' = z$, dann ift $az' = \left(\sqrt{1+z^2}\right)^3$; Trennung der Variabeln; $\dfrac{x-x_0}{a} = \displaystyle\int \dfrac{dz}{(\sqrt{1+z^2})^3} = \dfrac{z}{\sqrt{1+z^2}}$. Hieraus folgt $z = \dfrac{x-x_0}{\sqrt{a^2-(x-x_0)^2}}$, $y - y_0$ gleich dem betreffenden Integral, alfo

$y - y_0 = -\sqrt{a^2 - (x - x_0)^2}$; umgeformt $(x - x_0)^2 + (y - y_0)^2 = a^2$. Kreis mit dem Mittelpunkt x_0, y_0 und dem Radius a. 133. $\dfrac{d^2 s}{dt^2} = g - k \left(\dfrac{ds}{dt}\right)^n$; $\dfrac{ds}{dt} = v$; $\dfrac{dv}{dt} = g - k v^n$; $t - t_0 = \displaystyle\int \dfrac{dv}{g - k v^n}$. Für $n = 1$ wird $t - t_0 = -\dfrac{1}{k} ln (g - kv)$; $v = \dfrac{1}{k}(g - e^{-k(t - t_0)})$; $s - s_0 = \dfrac{gt}{k} + \dfrac{1}{k^2} e^{-k(t - t_0)}$. Soll für $t = 0$ die Größe v verschwinden, so muß $g - e^{kt_0} = 0$ sein, also $s - s_0 = \dfrac{gt}{k} + \dfrac{g}{k^2} e^{-kt}$. Soll für $t = 0$ auch $s = 0$ sein, so muß $-s_0 = \dfrac{g}{k^2}$ sein. Durch Reihenentwicklung findet man dann $s + \dfrac{g}{k^2} = \dfrac{gt}{k} + \dfrac{g}{k^2}\left(1 - kt + \dfrac{k^2 t^2}{2} - \dfrac{k^3 t^3}{6} + \dfrac{k^4 t^4}{24} \mp \cdots\right)$ oder $s = \dfrac{gt^2}{2} - \dfrac{gkt^3}{6} + \dfrac{gk^2 t^4}{24} \mp \cdots$ Für $k = 0$ erhält man die übliche Fallformel. Für $n = 2$ ist die Aufgabe schon auf S. 18 behandelt; bei höheren Werten von n wird die Rechnung schwieriger. 134. Die Feder werde zur X Achse, ihr Mittelpunkt zum Anfangspunkt des Koordinatenfystems gewählt. $\dfrac{d^2 x}{dt^2} = -k^2 x$. Nach Beispiel 30 ist $x = m \cos kt + n \sin kt$. Zur Zeit $t = 0$ möge der Anfangspunkt passiert werden, dann muß $m = 0$ sein; $x = n \sin kt$. n ist der Betrag der größten Entfernung vom Nullpunkt. Vgl. Pendelschwingungen. 135. $y' = z$; $z' = z + e^x$; $z = x e^x + k e^x$; $y = x e^x + k e^x - e^x + k_1$. 136. $z = \frac{1}{3} e^x + k e^{-2x}$; $y = \frac{1}{3} e^x - \dfrac{k}{2} e^{-2x} + k_1$. 137. $z = -x \cos x + kx$; $y = -\cos x - x \sin x + \dfrac{kx^2}{2} + k_1$. 138. $\dfrac{d^2 x}{dt^2} = k \dfrac{dx}{dt} \cdot \dfrac{1}{t}$; $\dfrac{dx}{dt} = v$; $\dfrac{dv}{dt} = \dfrac{kv}{t}$; $v = v_0 t^k$. Ist $k = -1$, so ist $x - x_0 = v_0 \, lnt$, sonst ist $x - x_0 = \dfrac{v_0}{k + 1} t^{k+1}$. In Fig. 38 ist die Bewegung für verschiedene Werte von k dargestellt; die gleichzeitig erreichten Punkte sind durch Kurven (Isochronen) verbunden. 139. $\sqrt{1 + (y')^2}^3 : y'' = 2 y \sqrt{1 + (y')^2}$; $y'' = [1 + (y')^2] : 2y$; $y' = z$; $\dfrac{dz}{dy} = \dfrac{1 + z^2}{2 y z}$; $\dfrac{2z \, dz}{1 + z^2} = \dfrac{dy}{y}$; $ln \left(\dfrac{y}{k}\right) = ln (1 + z^2)$; $z = \pm \sqrt{\dfrac{y}{k} - 1}$; $\dfrac{dy}{\pm \sqrt{\dfrac{y}{k} - 1}} = dx$; $x - x_0 = \pm 2 k \sqrt{\dfrac{y}{k} - 1}$; hieraus $y - k = \dfrac{(x - x_0)^2}{4k}$. Gleichung einer Parabel. 140. $z \dfrac{dz}{dy} = z (y + a)$; $dz = (y + a) dy$; $z = \frac{1}{2}(y + a)^2 + z_0$;

Fig. 58.

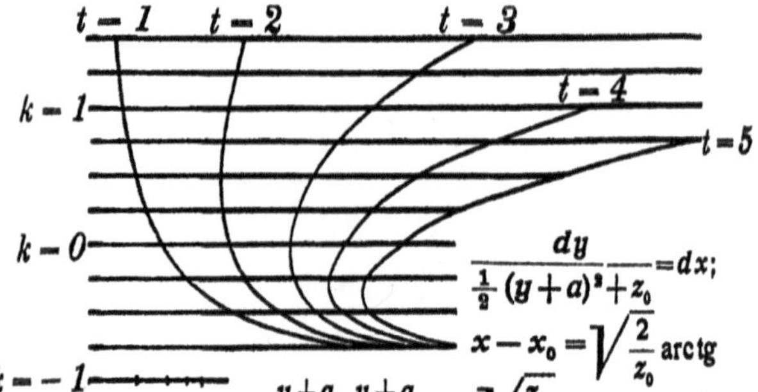

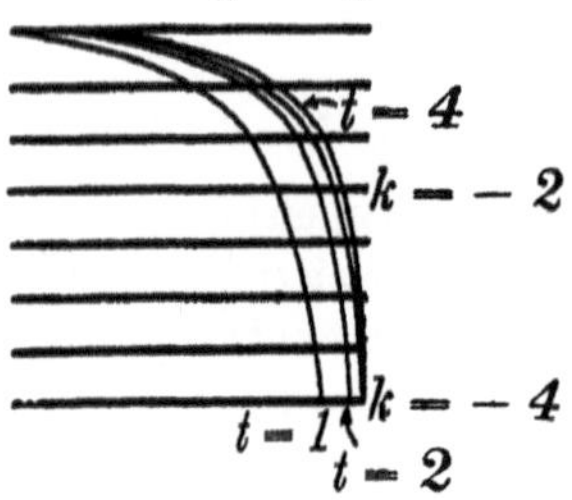

$$\frac{dy}{\frac{1}{2}(y+a)^2+z_0}=dx;$$

$$x-x_0=\sqrt{\frac{2}{z_0}}\,\text{arc tg}\,\frac{y+a}{\sqrt{2z_0}};\quad \frac{y+a}{\sqrt{2z_0}}=\text{tg}\sqrt{\frac{z_0}{2}}\,(x-x_0).\ \ 141.$$

$$z\frac{dz}{dy}=\frac{z^2y}{1+y^2};\quad \frac{dz}{z}=\frac{y\,dy}{1+y^2};\quad ln\left(\frac{z}{k}\right)=\frac{1}{2}\,ln\,(1+y^2);\quad z=k\sqrt{1+y^2}=\frac{dy}{dx};$$

$$k(x-k_1)=\text{Ar Sin}\,y;\quad y=\text{Sin}\,k(x-k_1).$$

$$142.\ z\frac{dz}{dy}=z^3\,ln\,y;\quad \frac{dz}{z^2}=ln\,y\,dy;\quad k-\frac{1}{z}=y\,(ln\,y-1);\quad -\frac{dx}{dy}=y\,ln\,y$$

$$-y-k;\quad x-x_0=-\frac{y^2}{2}\,ln\,y+\frac{3}{4}\,y^2+ky.\ \ 144.\ x''=-k^2x-L,\ \text{wenn}\ L$$

die konstante Verzögerung (Kraft : Maffe) ift. Setzt man $L=k^2c$, fo ift $x''=-k^2(x+c)$, alfo auch $\dfrac{d^2(x+c)}{dt^2}=-k^2(x+c)$. Nach Beifpiel 30 erhält man $x+c=m\cos kt+n\sin kt$, eine ungedämpfte elaftifche Bewegung um einen Punkt, welcher um die Strecke c links vom Koordinatenanfangs-punkt liegt. Unfere Betrachtung gilt aber nur, wenn fich die Maffe vom An-fangspunkt im Sinne der pofitiven X-Achfe bewegt. Läuft fie umgekehrt, fo ift $x''=-k^2x+L$, da die Reibung ftets der vorhandenen Bewegung ent-gegenwirkt. Hier ift $x-c=m_1\cos kt+n_1\sin kt$. 145. $x+c=m\cos kt+n\sin kt$; $x'=k(-m\sin kt+n\cos kt)$. Setzt man die für $t=0$ an-gegebenen Werte ein, fo findet man $x+c=c\cos kt+\dfrac{v_0}{k}\sin kt$; $x'=$

$$-kc\sin kt+v_0\cos kt.\ \text{Grenzlagen}\ (x'=0)\ \text{für tg}\ kt=\frac{v_0}{kc}.\ \text{Es muß alfo}$$

$$\sin kt=\frac{v_0}{\sqrt{v_0^2+k^2c^2}},\ \cos kt=\frac{kc}{\sqrt{v_0^2+k^2c^2}}\ \text{fein, oder}\ \sin kt=-\frac{v_0}{\sqrt{v_0^2+k^2c^2}},$$

$$\cos kt=-\frac{kc}{\sqrt{v_0^2+k^2c^2}}\cdot\ \text{Für diefe Werte ergibt fich leicht}\ x+c=\pm\frac{\sqrt{k^2c^2+v_0^2}}{k}.$$

(Linker und rechter Grenzpunkt.) In unserem Falle ist $\operatorname{tg} t = 5$; $t = 78°\,41' = 1{,}3374$ absolut oder $1{,}3734 - \pi = -\,1{,}7682$ absolut. Zur Zeit $-\,1{,}7682$ sec befand sich der Körper in momentaner Ruhe $12{,}20$ cm links, zur Zeit $t = 1{,}3734$ rechts im Abstande $8{,}20$. **146.** $x = -\,2 + 2\cos t + 10\sin t$; $x' = -\,2\sin t + 10\cos t$.

t	$-\,1{,}768$	$-\,1{,}5$	$-\,1{,}0$	$-\,0{,}5$	0	$+\,0{,}5$	$1{,}0$	$1{,}373$
x	$-\,12{,}20$	$-\,11{,}83$	$-\,9{,}33$	$-\,5{,}04$	0	$+\,4{,}55$	$7{,}50$	$+\,8{,}20$
v	0	$+\,2{,}70$	$7{,}09$	$9{,}73$	10	$7{,}82$	$3{,}72$	0

Für die Rückwärtsbewegung rechnen wir am besten die Zeit t von der Erreichung des rechten Ruhepunktes an. Es ist $x = 2 + m_1 \cos t + n_1 \sin t$. $x' = -\,m_1 \sin t + n_1 \cos t$. Für $t = 0$ ist $x = 8{,}20$; $x' = 0$, also $m_1 = 6{,}20$; $n_1 = 0$. Somit wird $x = 2 + 6{,}2 \cos t$; $x' = -\,6{,}2 \sin t$.

t	0	$0{,}5$	$1{,}0$	$1{,}5$	2	$2{,}5$	3	$3{,}142$
x_1	$8{,}20$	$7{,}44$	$5{,}35$	$2{,}44$	$-\,0{,}58$	$-\,2{,}97$	$-\,4{,}14$	$-\,4{,}2$
v_1	0	$-2{,}97$	$-5{,}22$	$-6{,}18$	$-\,5{,}64$	$-\,3{,}71$	$-\,0{,}88$	0

Die größte Ausweichung findet statt $(x' = 0)$ für $t = 0$ und $t = \pi$. Die erste ist $8{,}20$, die zweite $-\,4{,}2$ (Graphische Darstellung!) **147.** $u = x^r$; $r(r-1) + 2r - 2 = 0$; $r_1 = 1$, $r_2 = -2$; $u = k_1 x + \dfrac{k_2}{x^2}$. **148.** $y = x^r$; $r(r-1) + 9r + 12 = 0$; $r = -\,4 \pm 2$; $y = \dfrac{k_1}{x^2} + \dfrac{k_2}{x^6}$. **149.** $y = x^r$; $r(r-1) + ar + b = 0$; $r = -\dfrac{a-1}{2} \pm \sqrt{\left(\dfrac{a-1}{2}\right)^2 - b} = p \pm q$. Ist q von 0 verschieden, so ist $y = k_1 x^{p+q} + k_2 x^{p-q}$. Ist q klein, so ist $y \approx x^p\,[k_1\,(1 + q\ln x) + k_2\,(1 - q\ln x)] = x^p\,(A + B\ln x)$. Für $q = 0$ ist dies der genaue Wert. **150.** Durch Multiplikation und Addition erhält man $(y''y_1 - y_1''y) + X_1\,(y'y_1 - y_1'y) = 0$; $y'y_1 - y_1'y = u$; $u' + X_1 u = 0$; $\dfrac{du}{u} = -\,X_1\,dx$; $\ln u = -\displaystyle\int X_1\,dx = F_1\,(x)$; $u = e^{F_1(x)} = F_2\,(x)$; $\dfrac{d}{dx}\left(\dfrac{y}{y_1}\right) = \dfrac{u}{y_1^2} = \dfrac{F_2\,(x)}{(y_1)^2}$. Da y_1 eine gegebene Funktion von x ist, so ist $\dfrac{d}{dx}\left(\dfrac{y}{y_1}\right)$ eine gegebene Funktion $F_3\,(x)$ von x. Sie enthält eine willkürliche Konstante, die zuerst in F_1 auftrat. $\dfrac{y}{y_1} = \displaystyle\int F_3\,(x)\,dx = F_4\,(x)$; $F_4\,(x)$ enthält wegen der hinzukommenden Integrationskonstante deren zwei. $y = y_1\,F_4\,(x) = F_5\,(x)$. **151.** $x'' + k^2 x = f(t)$.

Man erhält $m' \cos kt + n' \sin kt = 0$; $-m' \sin kt + n' \cos kt = \dfrac{f(t)}{k}$;

hieraus $m = -\dfrac{1}{k} \int f(t) \sin kt\, dt + A$, $n = \dfrac{1}{k} \int f(t) \cos kt\, dt + B$;

$x = -\dfrac{\cos kt}{k} \int f(t) \sin t\, dt + \dfrac{\sin kt}{k} \int f(t) \cos kt\, dt + A \cos kt + B \sin kt$.

152. Lösung der verkürzten Gleichung $y = m e^{-8x} + n e^{-2x}$, der vollständigen $y = \dfrac{e^x}{27} + A \cdot e^{-8x} + B e^{-2x}$ **153.** Es sei $a^2 - b^2 = r^2$, dann ist die Lösung der verkürzten Gleichung $y = m e^{-(a+r)x} + n e^{-(a-r)x}$; die der vollständigen $y = \dfrac{e^{hx}}{h^2 + 2ah + b^2} + A e^{-(a+r)x} + B e^{-(a-r)x}$

154. Die charakteristische Gleichung hat die Doppelwurzel $-a$. Eine Lösung der verkürzten Differentialgleichung ist $y = e^{-ax}$ Die andere wird nach Beispiel 38, Fall 3 oder nach dem Verfahren auf S. 78 gefunden; sie ist $x e^{-ax}$; allgemeine Lösung der verkürzten Gleichung $y = m e^{-ax} + n x e^{-ax}$. Durch Variation der Konstanten m und n ergibt sich als allgemeine Lösung der **unverkürzten** Gleichung $y = \dfrac{e^{hx}}{(h+a)^2} + A e^{-ax} + B x e^{-ax}$. **155.** Lösung der verkürzten Gleichung: $x = a \cos \sqrt{\dfrac{c}{m}}\, t + b \sin \sqrt{\dfrac{c}{m}}\, t$. Durch Variation von a und b findet man die allgemeine Lösung $x = A \cos \sqrt{\dfrac{c}{m}}\, t + B \sin \sqrt{\dfrac{c}{m}}\, t + \dfrac{ec}{u^2 m - c} \cos ut$ (vgl. Beispiel 41). **156.** $y = A \cos \sqrt{\dfrac{c}{m}}\, t + B \sin \sqrt{\dfrac{c}{m}}\, t + e \dfrac{\alpha^2}{u^2 - \alpha^2} \sin ut$, wo $\alpha^2 = \dfrac{c}{m}$ ist. **157.** Durch Einsetzen findet man $ac = -b$, also $c = -\dfrac{b}{a}$. Setzt man $y - y_1 = z$, so ist $z'' + az = 0$; $z = A \cos \sqrt{a} \cdot x + B \sin \sqrt{a} \cdot x$; $y = z - \dfrac{bx}{a}$. **158.** Durch Einsetzen findet man $c = -\dfrac{N}{8}$. Für $z = \varphi - \varphi_1$ gilt die Gleichung $x^2 z'' + x z' - z = 0$. Nach Aufgabe 149 ist die allgemeine Lösung $z = A x + \dfrac{B}{x}$, also $\varphi = -\dfrac{N}{8} x^3 + A x + \dfrac{B}{x}$. **159.** $y = a \left(1 + \dfrac{x^4}{3 \cdot 4} + \dfrac{x^8}{3 \cdot 4 \cdot 7 \cdot 8} + \dfrac{x^{12}}{3 \cdot 4 \cdot 7 \cdot 8 \cdot 11 \cdot 12} \cdots \right) + a_1 \left(x + \dfrac{x^5}{4 \cdot 5} + \dfrac{x^9}{4 \cdot 5 \cdot 8 \cdot 9} + \dfrac{x^{13}}{4 \cdot 5 \cdot 8 \cdot 9 \cdot 12 \cdot 13} \cdots \right)$. **160.** Ein partikuläres Integral ist $y = a \left(1 - \dfrac{x}{1^2} + \dfrac{x^2}{1^2 \cdot 2^2} - \dfrac{x^3}{1^2 \cdot 2^2 \cdot 3^2} + \dfrac{x^4}{1^2 \cdot 2^2 \cdot 3^2 \cdot 4^2} \mp \cdots \right)$.

Teubners Technische Leitfäden

Die Leitfäden wollen zunächst dem Studierenden, dann aber auch dem Praktiker in knapper, wissenschaftlich einwandfreier und zugleich übersichtlicher Form das Wesentliche des Tatsachenmaterials an die Hand geben, das die Grundlage seiner theoretischen Ausbildung und praktischen Tätigkeit bildet. Sie wollen ihm diese erleichtern und ihm die Anschaffung umfänglicher und kostspieliger Handbücher ersparen. Auf klare Gliederung des Stoffes auch in der äußeren Form der Anordnung wie auf seine Veranschaulichung durch einwandfrei ausgeführte Zeichnungen wird besonderer Wert gelegt. — Die einzelnen Bände, für die vom Verlag die ersten Vertreter der verschiedenen Fachgebiete gewonnen werden konnten, erscheinen in rascher Folge. Bisher sind erschienen bzw. unter der Presse:

Analytische Geometrie. Von Geh. Hofrat Dr. R. Fricke, Professor an der Techn. Hochschule zu Braunschweig. Mit 96 Fig. [VI u. 135 S.] 1915. (Bd. 1.) M. 8.40

Darstellende Geometrie. Von Dr. M. Großmann, Prof. an der Eidgen. Techn. Hochschule zu Zürich. Bd. I. Mit 134 Fig. [IV u. 84 S.] 1917. (Bd. 2.) M. 12.—

Darstellende Geometrie. Von Dr. M. Großmann, Professor an der Eidgen. Technischen Hochschule zu Zürich. Bd. II. 2., umgearb. Aufl. Mit 144 Fig. [VI u. 154 S.] 1921. (Bd. 3.) Kart. M. 24.—

Differential- und Integralrechnung. V. Dr. L. Bieberbach, o. ö. Prof. a. d. Univ. Frankfurt a. M. I. Differentialrechnung. Mit 32 Fig. [VI u. 130 S.] 1917. (Bd. 4) Geh. M. 8.40. II. Integralrechnung. Mit 25 Fig. [VI u. 142 S.] 1918. (Bd. 5.) Geh. M. 10.20

Funktionenlehre. Von Dr. L. Bieberbach, Prof. a. d. Univ. Berlin. [U. d. Pr.]

Praktische Astronomie. Geograph. Orts- u. Zeitbestimmung. Von V. Theimer, Adjunkt an der Montanistischen Hochschule zu Leoben. Mit 62 Figuren. [IV u. 127 S.] 1921. (Bd. 13.) Kart. M. 24.—

Feldbuch für geodätische Praktika. Nebst Zusammenstellung der wichtigsten Methoden und Regeln sowie ausgeführten Musterbeispielen. Von Dr.-Ing. O. Israel, Prof. a. d. Techn. Hochschule in Dresden. Mit 46 Fig. im Text. [IV u. 160 S.] 1920. (Bd. 11.) Kart. M. 24.—

Erdbau, Stollen- und Tunnelbau. Von Dipl.-Ing. A. Birk, Prof. a. d. Techn. Hochschule zu Prag. Mit 110 Abb. [V u. 117 S.] 1920. (Bd. 7.) Kart. M. 11.40

Landstraßenbau einschl. Trassieren. V. Oberbaurat W. Euting, Stuttgart. Mit 54 Abb. i. Text u. a. 2 Taf. [IV u. 100 S.] 1920. (Bd. 9.) Kart. M. 16.80

Grundriß der Hydraulik. Von Hofrat Dr. Ph. Forchheimer, Prof. a. d. Techn. Hochschule in Wien. Mit 114 Fig. im Text. [V u. 118 S.] 1920. (Bd. 8.) M. 24.60

Hochbau in Stein. Von Geh. Baurat H. Walbe, Prof. a. d. Techn. Hochschule zu Darmstadt. Mit 302 Fig. im Text. [VI u. 110 S.] 1920. (Bd. 10.) Kart. M. 19.20

Veranschlagen, Bauleitung, Baupolizei, Heimatschutzgesetze. Von Stadtbaur. Fr. Schultz, Bielefeld. Mit 3 Taf. [IV u. 150 S.] 1921. (Bd. 12.) Kart. M. 28.20

Mechanische Technologie. V. Dr. R. Escher, Prof. a. d. Eidgen. Techn. Hochsch. zu Zürich. Mit 418 Abb. i. Text. 2. Aufl. [VI u. 164 S.] 1921. (Bd. 6.) Kart. M. 24.—

Maschinenbau

Von Ingenieur O. Stolzenberg, Direktor der Gewerbeschule und der gewerblichen Fach- und Fortbildungsschulen zu Charlottenburg

Bd. I: Werkstoffe des Maschinenbaues und ihre Bearbeitung auf warmem Wege. Mit 255 Abbildungen im Text. Geb. M. 28.—

Bd. II: Arbeitsverfahren. Mit 750 Abb. im Text. Geb. M. 48.—

Bd. III: Methodik der Fachkunde und Fachrechnen. Mit 30 Abbildungen im Text. Kart. M. 19.—

„Das Bestreben, die ursächlichen Zusammenhänge in anschaulicher Art bei allen behandelten Hauptstücken klar hervorzukehren, bildet ein wesentliches Merkmal der Schrift. Zahlreiche Abbildungen unterstützen diese Absicht in bemerkenswerter Weise. Dem Buch ist eine weite Verbreitung zu wünschen, um die darin enthaltenen Früchte erfolgreicher Arbeit gleichsam als ‚Norm‘ dem Unterricht in den Fachgewerbe- und Werkschulen zugrunde zu legen.“ (Stahl und Eisen.)

MIX
Papier aus verantwortungsvollen Quellen
Paper from responsible sources
FSC® C105338

If you have any concerns about our products,
you can contact us on
ProductSafety@springernature.com

In case Publisher is established outside the EU,
the EU authorized representative is:
**Springer Nature Customer Service Center GmbH
Europaplatz 3, 69115 Heidelberg, Germany**

Printed by Libri Plureos GmbH
in Hamburg, Germany